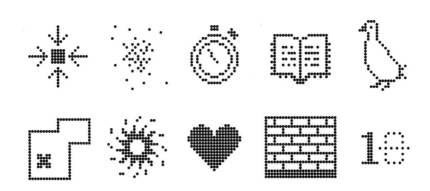

단순함의 법칙
The Laws of
SIMPLICITY

심플한 디자인의 원리를 찾아서

존 마에다 지음 | 현호영 옮김

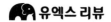 유엑스 리뷰

단순함의 법칙
심플한 디자인의 원리를 찾아서

2판 3쇄 2022년 2월 22일

발행처 유엑스리뷰 | **자은이** 존 마에다John Maeda |
옮긴이 현호영 | **주소** 서울시 마포구 월드컵로 1길 14, 딜라이트스퀘어 114호|
팩스 070-8224-4322 | **등록번호** 제333-2015-000017호 | **이메일** uxreviewkorea@gmail.com

ISBN 979-11-88314-50-8

THE LAWS OF SIMPLICITY by John Maeda

아내 크리스에게,
당신을 더 많이 사랑할 것을 약속합니다.

차 례

심플한 디자인의 본질을 찾아가는 짧은 여정

오늘날 우리는 첨단 기술과 감성 예술이 만나 사고와 감각을 매우 복잡하게 만드는 시대를 살고 있다. 마주하는 사물들은 모두 여러 개의 기술이 융합되어 있거나 감각을 자극하는 디자인으로 포장되어 있다. 어찌 보면 아주 잘 만들어진 대상들 속에서 최선의 것이 무언인지 고민하고 있으며, 때때로 방황하고 있는지도 모르겠다. 사실 우리가 접하는 상당수의 제품이나 서비스는 편리하고 아름다운 속성을 가진 것들을 다 집어넣으려다 보니 복잡하게 구성되어 있기 때문이다.

기술자들과 디자이너들은 이처럼 복잡한 것들이 넘쳐나는 환경에서 단순함을 추구하고 있다. 편리한 기술과 멋진 예술적 속성은 많으면 많을수록 좋지만 이것이 사람들에게 보여 질 때는 가급적 단순하게 보이도록 만들기 위해 노력하고 있는 것이다. 하지만 바로 그것이 그들에게 가장 어려운 일이자 궁극적인 과제이다. 어떤 일의 경우 복잡한 것이 더 흥미롭거나 가치 있을 수 있지만 일반적인 사람들이 일상에서 접하는 일들은 단순할수록 유용한 것이 많다.

세계 주요 기업들이 고객의 '경험'을 디자인하는 것을 디자인 전략의 우선순위에 두는 것도 그와 같은 맥락이다. UX(사용자 경험) 디자인이라고 불리는 이 분야에서는 인간의 경험을 더 낫게 만들기 위해 제품의 단순함을 적절히 조절하고자 노력한다. 복잡해야만 하는 제품도 단순하게 느껴지게 만드는 것을 목표로 한다. 인간의 경험은 그 대상이 단순하면 긍정적이게 되고, 복잡하면 부정적이게 되는 특성이 있다. 이것이 반드시 물리적인 측면만을 말하는 것은 아니다. 단순함과 복잡함은 디자인의 스타일이 현란하거나 미니멀한 것을 의미하지 않는다. 우리 일상의 '과업'이 얼마나 효율적이고 편리한가에 관한 이야기이다.

이와 같은 맥락에서 저자인 마에다는 디자이너이자 미디어 아티스트이지만 단순히 시각적으로 단정하거나 여백이 많은 디자인에 관한 내용들을 이 책에 담지는 않았다. 이 책은 복잡한 현실의 문제들에 단순함의 원칙을 세워두고 접근하는 것에 관해 다룬다. 세계에서 가장 복잡하고 어려운 기술을 다루고 있는 MIT의 교수와 가장 창조적인 디자인 교육을 하는 것으로 정평이 난 로드아일랜드디자인스쿨의 총장을 역임한 그는 예술과 과학, 논리와 감성의 균형 잡힌 관점과 경험을 바탕으로, 단순함을 구축하기 위한 법칙을 제시하며, 단순함과 복잡함과의 관계를 쉽고 재미있게 풀어낸다.

단순함과 복잡함에 대한 생각의 필요성은 비즈니스, 기술, 디자인에만 국한되지 않는다. 우리의 인생 전반에 걸쳐 고민해보고 나름의 철학을 세워두어야 할 철학적 문제이다. 연인과 사랑을 하거나 동료들과 의사소통을 할 때에도 단순하게 표현할지 복잡하게 표현할지 결정을 해야 한다. 마에다가 주장하는 법칙들은 살아가면서 빈번히 되새겨 볼 만한 것들로 종종 중요한 의사결정을 함에 있어서도 참고가 될 만하다.

내가 복잡한 것들을 다루는 디자이너이기에 특히 디자이너들에게 이 책의 일독을 권하고 싶다(실제로 이 책은 세계 유명 디자인 스쿨들의 필독서다!). 우선 책의 구성이 상당히 단순하기 때문에 이미지에 익숙한 우리가 편안한 마음으로 읽기 좋다. 거의 모든 디자인 분야에서 단순함의 미학을 추구하는 것은 디자인의 트렌드가 된 지 오래이며, 실상 단순하게 아름다운 디자인은 많은 소비자들이 원하는 것이기도 하다. 그러나 그 일의 어려움은 디자이너들이 더 잘 알 것이다. 여기서 제시하는 법칙과 비법을 곰곰이 생각해보면 무엇을 복잡하게 남겨두고 어떤 부분을 단순화시킬지 고민하는 문제를 조금이나마 해결할 수 있을 것이다.

단순함이란 그 본질을 제대로 이해하지 않은 채 접근하면 오히려 복잡함보다 못한 결과를 야기하곤 한다. 여러분 모두 너무 단순해서 불편하게 느낀 제품이나 서비스를 경험한 적이 있을 것이다. 즉, 어떤 맥락에서 단순함이 필요하며, 그것을 어떻게 마음으로 조절할지 알아야 최적의 단순함을 창출해낼 수 있는 것이다. 그리고 그 적절한 단순함을 획득하는 것에 대한 통찰이 이 책의 궁극적 가치라고 할 수 있다.

한편, 이 책의 한국어판 제목을 짓는 데에도 고민이 있었다. 처음에는 제목을 '심플함의 법칙'으로 했으면 하고 바랐다. 사실 한국에서 '단순하다'고 하면 그것이 지나칠수록 다소 부정적인 어감이 있기 때문이다. 하지만 자체적으로 진행한 간단한 조사에 따르면 다수의 사람들의 의견은 달랐다. 그들은 '심플'이란 말이 주로 어떤 디자인이나 형태 또는 과정을 묘사하는 것이며, 단순함이 더 넓은 대상, 특히 인간의 성격까지 아우르는 느낌을 준다고 했다. 일리가 있는 의견들이었고, 무엇보다 이 책의 내용이 디자인과 기술을 넘어 일상의 문제들에도 두루 적용이 될 수 있는 포괄적이고 보편적인 것이므로 제목이 〈단순함의 법칙〉으로 정해진 것이다.

분량이 많지 않은 책이라 가볍고 단순하게 읽을 수 있을 것이다. 하지만 내 경험상 이 책의 진가는 처음 읽은 뒤 어느 정도 시간이 흘러 다시 읽을 때 드러난다. 왜 그토록 오랜 세월 동안 여러 대학과 미디어에서 이 책이 경영과 디자인 분야의 추천도서로 선정되어 왔겠는가? 이 책은 어떤 철학이나 자기계발에 관한 것이 아니다. 일종의 '실용서'로 여러분이 무언가를 디자인할 때 참고할 만한 도구라고 생각한다. 이 책을 읽는 동안만큼은 독자들이 무겁고 복잡한 생각을 해봤으면 좋겠다. 그 만큼 단순함은 우리의 삶에서 중요한 개념이고, 여기에는 깊이 있는 이해와 지혜가 담겨 있다. 마에다의 유쾌한 사고방식을 따라가다 보면 어느새 여러분도 단순함의 힘을 깨닫게 될 것이다.

옮긴이 현호영

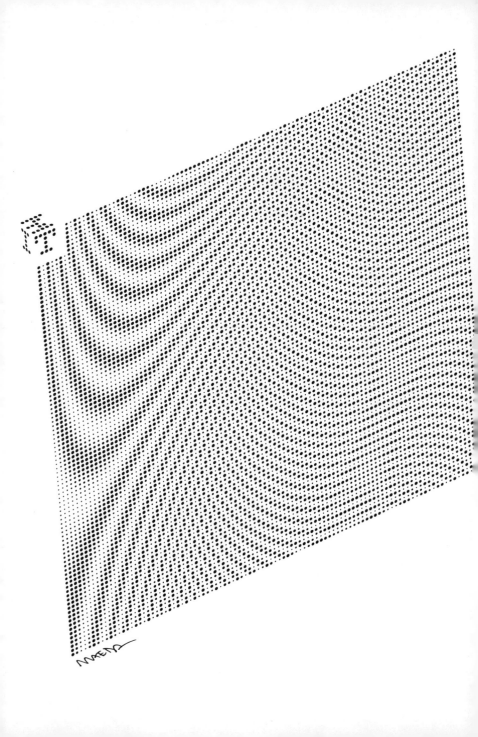

단순함 = 온전한 상태

기술은 우리의 삶을 더욱 충만하게 했지만, 동시에 우리는 불편할 정도로 비대하게 되었다.

나는 언젠가 딸들이 처음으로 이메일 계정을 만들고는 즐거워하는 과정을 지켜보았다. 자기네들끼리 메일을 주고받기 시작하더니, 점차 그 범위가 넓어져 대화의 흐름에 친구들도 참여하게 되었다. 요새 아이들은 매일 아주 많은 메시지, 전자카드, 첨부 파일, 그리고 링크들을 받고 있다.

하지만 아이들에게는 하루 종일 이메일을 확인하고 싶

은 유혹을 뿌리쳐야 한다고 다그쳤다. 어른으로서, 나는 아이들이게 말했다. 정보의 바다에서 수없이 많은 정보를 접할 기회가 충분하니 거기서 멀리 떨어져 있으라고 주의를 주었다. 왜냐하면 정보 기술자를 위한 올림픽 종목이 있다면 스스로 대표선수라고 생각하는 나 역시도 무차별적으로 쏟아지는 정보의 홍수 속에서 익사할 것 같은 느낌을 받기 때문이다. 나만 이렇게 생각하는 것은 아니리라. 아마도 매일 수백 통의 이메일을 받는 여러분도 그러한 기분을 느끼지 않을까 싶다. 그러나 사실 나는 이러한 현실에 대해 약간의 책임감을 느끼는 사람이다.

나의 초기 컴퓨터 아트 실험이 오늘날 웹사이트에서 흔히 볼 수 있는 '움직이는 그래픽'을 탄생시켰기 때문이다. 지금 내가 무엇에 대해 말하는지는 여러분도 잘 알 것이다. 여러분이 무언가에 집중하려고 노력할 때 컴퓨터 스크린에 떠다니는 것들 말이다. 그게 바로 내가 한 짓이다. 나는 정보의 풍경을 어지럽히며 '눈길을 사로잡는 광고'들이 끊임없이 쏟아지는 흐름에 대해 일정 부분 책임이 있다. 그래서 미안한 마음에 오랫동안 뭔가 조치를 취할 수 있으면 좋겠다고 생각해 왔다.

결국 나는 디지털 시대에 단순함을 추구하는 일을 개인적인 사명으로 삼게 되었고, MIT에서도 이 연구에 전념했다. MIT에서는 디자인, 기술, 그리고 비즈니스 분야를 연구하고 가르침과 동시에 실천하기도 했다. 언젠가 우리 학교 이름을 구성하는 M, I, T라는 글자들을 유심히 관찰하다가 그 세 개의 글자가 단순함(SIMPLICITY)이라는 단어에 차례대로 숨어 있다는 사실을 발견했다. 마찬가지로 복잡함(COMPLICITY)이란 단어에도 MIT란 글자가 들어 있다. M-I-T에서 T는 곧 기술(technology)을 의미하는데, 오늘날 우리들은 그 기술 때문에 억눌리고 있다는 느낌을 받는다. 그래서 특히 MIT의 누군가가 앞장서서 이러한 사태를 바로잡아야 한다는 책임의식을 더욱 강하게 느꼈다.

2004년, 나는 AARP(American Association of Retired Persons, 미국 은퇴자 협회), 레고(Lego), 도시바(Toshiba), 타임(Time)과 같은 파트너 기업들과 함께 MIT 미디어랩에 '단순함 컨소시엄(SIMPLICITY Consortium)'을 조직했다. 우리는 통신과 건강, 오락 등의 분야에서 단순함이 갖는 사업적 가치를 정의하는 일을 목표로 삼았다. 컨소시엄에서는 단순함을 지향하는 제품이 시장에서 성공하는 데 필요한 초기 프로토타입을 만들고, 그에 필요한 기술을 개발한다. 이 책이 출간될 때쯤이면, 삼성과 공동으로 개발한 새로운 개념의 디지털 앨범에 대한 시장조사를 통해, 컨소시엄에서 주창하는 단순함이라는 전략의 타당성을 뒷받침하는 데 필요한 상업적 근거 자료들이 모이고 있을 것이다.

블로고스피어(blogosphere, 서로 연결되어 소셜 네트워크 기능을 하는 블로그들의 네트워크 — 옮긴이)가 출현하기 시작했을 무렵부터 나는 서서히 전개되던 단순함에 대한 생각들에 대하여 다루고자 개인 블로그를 개설했다. 단순함을 추구하는 데 필요한 '법칙'들을 찾아보기 시작하면서, 16가지의 원칙을 정립하고자 하는 것을 목표로 정했다. 대부분의 블로거들이 그렇게 하듯, 내가 열정을 갖고 있었던 주제에 관한 개인적 의견을 표현하는, 편집되지 않은 생각들을 블로그에 공유했다. 처음에는 디자인과 기술, 비즈니스 등에 관련한 글들로 시작했지만, 나중에는 블로그에 올린 글을 읽는 사람들이 내가 인본주의적 공학자로서 삶의 의미를 이해하기 위해 치열하게 노력하는 것에 공감하고 있다는 사실을 깨닫게 되었다.

나는 이 여정을 시작하면서 단순함이란 주제가 얼마나 복잡한 것인지를 깨닫게 되었고, 그 문제를 이 책에서 해결했다고 주제넘게 이야기하려는 것은 정말 아니다. 최근에는 한평생 같은 문제를 연구해 온 85세의 MIT 언어학 교수와 만나 이야기를 나눈 덕에 훨씬 더 많은 세월이 소요되더라도 이 문제와 씨름하겠다고 마음먹게 되었다. 지금은 내 블로그에 16가지의 법칙은 없고 이 책에서 제시하는 것과 같이 10가지의 법칙이 포스팅되어 있다. 인간이 만든 다른 모든 법칙과 마찬가지로 이 10가지 법칙도 결코 절대적인 것은 아니며, 이 법칙에 위배되더라도 죄를 짓게 되는 것은 아니다. 하지만 디자인과 기술, 비즈니스 분야, 그리고 인생에서 여러분이 이 단순함의 법칙이 도움이 되었다고 느끼게 되기를 바란다.

☑ 단순함과 시장

시장에는 단순함에 대한 약속들이 정말 풍부하다. 시티은행은 '단순한' 신용카드를 출시했고, 포드(Ford)는 '단순한 가격 정책'을 내세웠으며, 렉스마크(Lexmark, 프린터기기 전문 업체)는 고객 경험을 '복잡하지 않게' 만들겠다고 맹세했다. 같은 제품이라도 '새롭게 개선된 것'이라는 설명과 함께 더 많은 기능들이 추가되어 판매되고 있는 상황에서 '단순화'는 필수적인 덕목이다. 하지만 소프트웨어 기업이 매년 10퍼센트씩 기능을 줄여서 프로그램을 단순화하고, 그 단순화의 노력에 대한 대가로 제품의 가격을 10퍼센트씩 인상한다고 가정해 보자. 이와 같이 소비자가 더 적게 받는 것이 대한 대가로 더 많은 비용을 지불해야 한다는 사실은 경제원칙에 어긋나는 것처럼 보인다. 과자 하나를 나누어 먹을 때에도 누구나 큰 것을 원하는 법이다.

그러나 수요의 논리가 존재함에도 불구하고, 《뉴욕 타임스》의 칼럼니스트 데이비드 포그(David Pogue)가 2006년 캘리포니아 주 몬터레이에서 개최된 TED(Technology, Entertainment, Design의 약자로 미국의 비영리 재단이 운영하는 정기적 강연회 — 옮긴이) 컨퍼런스에서 발표했던 "단순한 상품이 잘 팔린다"는 주장은 맞는 말이다. 다른 MP3 플레이어들보다 더 적은 기능을 가졌음에도, 더 비싼 가격으로 판매된 기기인 애플의 아이팟(iPod)이 거두었던 부인할 수 없는 성공이 그러한 경향의 대표적인 부연 사례이다. 구글의 강력한 검색 엔진에서 기만적이라고 느껴질 정도로 단순한 검색 인터페이스는 또 다른 사례이다. "구글링(Googling)"이라는 말이 "웹에서 검색한다"는 의미로 대체되어 사용될 만큼 구글의 검색 엔진은 아주 인기가 많다. 사람들은 자신의 삶을 더 단순하게 만들어 주는 제품을 구매하고 있으며, 나아가 그런 제품을 사랑하기까지 한다. 예측 가능한 미래에는 복잡한 기술들이 가정과 직장에 침투하게 될 것이다. 결과적으로 단순함 자체가 새로운 성장 산업이 될 것이다.

단순함은 제품 디자인에 대한 고객들의 열정적 충성심을 불러일으킬 뿐만 아니라, 기업이 자체적으로 직면하고 있는 고유의 복잡성을 해결하기 위한 비즈니스의 핵심 전략으로도 이용되는 품질이다. 이 방면에 있어서, 네덜란드의 대기업인 필립스(Philips)는 "감각과 단순함"을 실현시키기 위해 고군분투를 해왔다. 2002년에 나는 그 경영 이사회 구성원 안드레아 라그네티(Andrea Regnetti)의 초대를 받아 필립스의 '단순함 자문

회의(SAB, Simplicity Advisory Board)'에 참여하게 되었다. 처음
에는 "감각과 단순함"을 추구하는 것이 단지 브랜드를 알리기
위해 필립스가 노력하는 방식이라고 생각했다. 하지만 암스테
르담에서 열린 자문회의에 참석하여 라그네티와 제라드 클라
이스터리(Gerad Kleisterlee) 회장을 만나고 나서는 그들에게 더
욱 원대한 목표가 있음을 알 수 있었다. 필립스는 그들이 제작
하는 제품들은 물론 전반적인 경영을 함에 있어서도 단순함을
추구하기 위해 노력하고 있었다. 그리고 곧, 이렇게 비즈니스의
복잡성을 줄이기 위해 노력하는 기업에 필립스만 있는 게 아
니라는 사실도 알게 되었다. 더 단순해지기 시작할수록 경제를
진전시킬 수 있는 더 효율적인 방법들이 나온다.

이 책은 누구를 위한 것인가?

예술가로서 내가 '거기에 있으니까' 등산을 한다는 정신으로

이 책을 집필했다고 말하고 싶다. 그러나 사실은 나에게 이메일을 보내오거나, 개인적으로 단순함을 더 잘 이해하기를 바란다는 뜻을 전해온 사람들의 요구에 부응하여 이 책의 저술을 시작했다. 생화학자, 생산 기술자, 디지털 아티스트, 주부, 기술 기업가, 도로 건설 관리자, 소설가, 부동산 중개인, 사무직원들을 포함한 많은 사람들의 이야기를 통해 나는 이 '단순함'이라는 주제에 더 많은 관심과 신념을 갖게 되었다. 하지만 이와 같은 폭넓은 지지에도 불구하고 사실은 여전히 걱정스럽다. 자칫 잘못하면 단순함과 극단적 단순주의나 '너무나 손쉬운' 세상을 초래한다는 부정적인 관점을 가지게 할 수 있기 때문이다. 뒷부분에서도 나오겠지만, 이 책은 복잡함과 단순함을 서로 경쟁을 하면서도 중요하게 연관되어 있는 두 가지의 특성으로 기술한다. 또한, 이 세상에서 복잡함을 완전히 제거해버리면 가장 빠르게 단순한 세상을 구현할 수 있을 것 같으나 우리가 진정 바라는 바는 꼭 그런 방식이 아닐 수도 있다는 것을 깨닫게 되었다.

　원래는 "단순함 101(여기서 101이란 가장 기본적이고도 중요한 방법들을 모아둔 것으로, 책이나 강의 등의 제목으로 사용되는 표현 — 옮긴이)"과 같은 주제로 책을 써서 읽는 분들이 디자인과 기술, 비즈니스, 인생과 관련되어 있는 단순함의 기초를 쉽게 이해하고 응용할 수 있도록 돕고 싶었다. 하지만 지금은 그 작업이 동료 교수들처럼 85세까지는 기다려야만 할 수 있는 일이란 것을 깨닫게 되었고, 이 책에서 제시하는 원칙만으로도 충분하다고 생각한다. 또 내가 MBA 과정을 마쳤던 무렵에는 혁신과 사업에 관한 대다수의 책들이 하나의 기관에 의해 출판되었다는 사실을 알게 되었는데, 당시 운이 좋게도 전혀 다른 삶 속에서 정신이 번쩍 드는 사건들에 빠져 있었기에 단순히 기술이나 경영 분야의 시장에 구체적인 초점을 맞춘 도서보다는 더 감성적인 저술을 추구하고 있었다.

　새롭게 개발되고 있는 '단순함'의 영역에 훨씬 자연스럽고 창의적으로 접근하고자 하는 노력을 지지해준 MIT 출판부의 좋은 사람들 덕분에 지금 독자 여러분이 단순함에 관한 시리즈 중 첫 번째 단계에 있을 수 있는 것이다. 책의 가격과 디자인은 뭔가 새롭고도 색다른 무언가를 찾고 있는 개성 있는 독자의 취향에 맞추어 조심스럽게 조정되었다. 이 시리즈는 기술, 사업 등의 분야에 중점을 두고, 디자인에 관한 전문적 지식을 토대로 하여 인생에 대한 호기심을 가볍게 건드린 내용으로 구성될 것이다. 이 창의적인 경험에 동참하게 된 여러분들을 모두 환영한다.

☑️ 이 책을 활용하는 법

이 책의 본문에서 제시하는 10가지 법칙은 일반적으로 서로 독립적인 법칙으로, 함께 활용될 수 있으며 단독으로도 활용할 수 있다. 이 책에서는 단순함의 법칙을 세 개의 특징으로 구분하여 논하고 있다. 갈수록 점점 더 복잡해지기 시작하는 단순함의 조건들에 부응하여 연속적인 세 그룹(1부터 3, 4부터 6, 7 부터 9)은 초급, 중급, 상급 순으로 차례에 따라 제시된다. 이 3 가지 그룹 중에서 초급 수준의 조건(1부터 3)은 제품의 디자인 이나 거실 배치에 즉각 적용할 수 있다. 그리고 중급 수준의 조 건(4부터 6)은 그 의미가 훨씬 미묘하며, 상급 수준의 조건(7부 터 9)은 대담하게도 아직도 완성되지 않은 생각을 다루고 있다. (세 번째 법칙인 '시간'에 따라서) 시간을 절약하고 싶다면 초급 수 준의 단순함(1부터 3)을 이해하고 나서 전체를 통합한 열 번째 법칙인 '하나'로 건너뛰기를 추천한다.

각 장은 주요 주제를 중심으로 전개되는 작은 이야기들 의 집합으로 구성돼 있다. 여러 가지 경우에 있어서, 나조차 정 답이라고 아는 것보다도 여러분과 같이 많은 의문들을 갖고 있 다는 사실 역시 알게 될 것이다. 모든 법칙의 첫 부분에 앞으로 설명하고자 하는 기본적 개념을 표현하고자 직접 디자인한 아 이콘들을 제시한다. 그 이미지는 내용을 말로 설명해 주지 못하지만 각 법칙을 더욱 잘 이해하도록 도와준다. 만약 그 중에 영감을 주는 디자인이 있다면 lawsofsimplicity.com에서 다운로드를 받을 수 있으니 컴퓨터의 바탕화면으로 사용해도 된다.

10가지 법칙에 덧붙여서 기술 영역에서 단순함을 추구하기 위한 세 가지 비법을 제시한다. 연구 개발 투자를 하거나 적어도 주목해야 할 영역들이라고 보아도 좋다. 이러한 비법들이나 법칙들이 실제 시장 가치와 어떤 연관성이 있는지 분석하는 것이 나의 새로운 취미이며, 실험 결과와 새로운 예측들 또한 lawsofsimplicity.com에서 무료로 제공하고 있다.

내가 정말 소중히 여기는 세 번째 법칙 '시간(시간 절약)'에 따라 전체적인 페이지 수까지 고려하여 내용을 의도적으로 짧게 요약했다. 그러므로 이 책은 점심시간이나 짧은 비행시간 동안에도 완독할 수 있도록 구성되어 있다. 처음 단순함이라는 주제를 가지고 연구를 시작했을 때는, 이 세상이 복잡성 때문에 파괴되어 간다고 느껴서 모든 복잡성을 없애 버려야겠다고 생각했다. 하지만 언젠가 내가 연사로 참석한 회의에서 만난 73세의 한 예술가는 나를 한쪽으로 밀어내더니 "세계는 언제나 무너지고 있어요. 그러니 긴장을 풀어요."라는 충고를 해주었다. 아마도 그의 말이 옳을 것이다. 그러니 할 수만 있다면 여러분도 그의 조언을 받아들여 느긋하게 등을 기대고 이 책을 읽기 바란다.

☑
감사의 말

책이 다른 것들과 달리 빠르게 출판될 수 있도록 출판 과정을 안내해준 MIT 출판부의 앨런 패란(Ellen Paran)과 로버트 프라이어(Rovert Prior)에게 감사 인사를 전하고 싶다. 두 사람은 처음부터 단순함이 MIT와 잘 어울리는 개념임을 직감했다. MIT 출판부의 지원과, 전파성 강한 두 사람의 열정 덕에 매우 복잡하고 오랜 시간이 걸릴 수도 있었던 작업이 간편하게 처리되었다는 사실을 알고 있다. 물론 그 반대가 되기를 바란 것도 아니었지만. ;-)

　이 책을 집필하기 위해 필요했던 영감의 많은 부분은 각 법칙에 대한 논의를 통해 나온 증거라 할 수 있다. 이러한 영감은 결코 가볍게 여길 수 없으며, 우수한 대학생들과 열정적인 대학원생들, 훌륭한 직원들, 그리고 비교할 수 없을 정도로 뛰어난 MIT의 동료들, 특히 미디어랩의 동료들로부터 영감을 얻고자 계속해서 노력하고 있다.

　나의 원고는 훌륭한 문학적 소양을 가진 제시 스캔런 (Jessi Scanlon)에 의하여 교정되었고 단순화될 수 있었다. 나는 제시가 《와이어드(Wired)》지에서 근무했던 시절부터 알고 지냈으며, 언제나 그녀에게 디자인에 관한 최신 트렌드에 대한 정보를 기대해왔다. 이 책을 쓰는 과정에서 제시는 나의 글쓰기 스승이었다. 그녀의 시간과 인내심에 감사를 전한다.

나의 제자들인 부락 애리칸(Burak Arikan), 애니 딩
(Annie Ding), 브렌트 피츠제럴드(Brent Fitzgerald), 앰버 프리드
지메네즈(Amber Frid-Jimenez), 켈리 노턴(Kelly Norton), 대니 쉔
(Danny Shen)은 원고를 마지막으로 깔끔하게 편집해주었다. 모
두들 고맙다!

마지막으로, 내 인생을 놀라울 정도로 복잡하면서도 무
한히 단순하게 만들어 주는 아내 크리스(Kris)와 딸들에게도 고
마움을 전한다.

10가지 법칙

1. 축소 단순함 성취의 가장 단순한
방법은 사려 깊은 축소이다.

2. 조직 조직화는 많은 것을 더 적어 보이게 만든다.

3. 시간 시간을 절약하면 단순함이 보인다.

4. 학습 지식은 모든 것을 더 간단하게 만들어준다.

5. 차이 단순함과 복잡함은 서로를 필요로 한다.

6. 맥락 주변에 흩어져 있는 것들도 결코 하찮게 볼 수 없다.

7. 감성 감성은 풍부한 것이 적은 것보다 낫다

8. 신뢰 우리가 신뢰하는 단순함의 이름으로.

9. 실패 어떤 것들은 절대 단순하게 만들어질 수 없다.

10. 하나 명확한 것을 빼고 의미 있는 것을 더하면 단순함이 실현된다.

3가지 비법

1. 멀리 보내기 단순히 멀리, 멀리 보내면 많은 것이 적게 보인다.

2. 개방 개방해서 복잡함을 단순화하기.

3. 전력 더 적게 쓰고 더 많이 얻기.

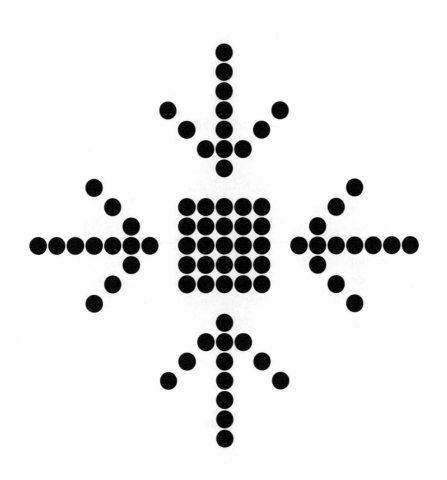

단순함 성취의 가장 단순한 방법은 사려 깊은 축소이다.

시스템을 단순화하는 가장 쉬운 방법은 기능성을 제거해 버리는 것이다. 예를 들면 한 때 출시되었던 DVD 플레이어에는 버튼이 너무 많았다. 사용자가 원하는 모든 것은 단지 영화 한 편을 보고 싶은 것뿐인데 말이다. 이런 경우 되감기, 빨리 감기, 꺼냄 등등의 다른 버튼들을 모두 없애고, 재생 버튼 하나만 남겨두는 것이 그 문제의 해결책이 될 수 있다.

그런데 만약 당신이 좋아하는 장면을 다시 보고 싶을 때는 어떻게 해야 할까? 혹은 당신이 잠깐 화장실에 가서 볼일을 볼 동안만 영화를 정지시켜 두고 싶다면 어떻게 해야 하나? 그 근본적인 의문은 단순함과 복잡함 사이의 균형이 어디에 있느냐는 것이다.

그것을 어느 정도까지 단순하게 만들 수 있나? ←····→ **그것은 어느 정도까지 복잡해져야 할까?**

한편, 당신은 사용하기 쉬운 제품이나 서비스를 원하지만 그것으로 한 사람이 하고자 원하는 모든 일을 할 수 있기를 바란다.

이처럼 단순함의 이상적 상태에 도달하는 과정은 정말 복잡할 수 있으므로 나는 당신을 위해 이를 더 단순화하는 방법을 알려주겠다. 단순함을 성취하는 가장 단순한 방법은 사려 깊은 축소를 이용하는 것이다. 의심스러운 것이 있다면 바로 제거하라. 하지만 당신이 제거하는 것에 대해서는 신중해야 한다.

☑️
SHE는 언제나 옳다

우리가 DVD 플레이어에서 어쩔 수 없이 무언가를 제거해야만 한다면, 여러 버튼 중 무엇을 없앨 것인지 결정하기란 상당히 어려운 일이다. 제거해도 무방한 기능을 제거해버리고 살려두어야 할 필요가 있는 기능을 선택해야 하는 것이 문제이다. 우리의 대부분은 독재자가 되기 위해 훈련받지 않았으므로 그러한 결정을 내리기가 쉽지 않다. 보통은 그대로를 내버려두고 싶어 하기를 선호한다. 즉, 가능한 모든 기능을 내버려두는 방법을 선택한다.

심각한 손상이 없이도 시스템의 기능성을 제거하는

것이 가능할 때 진정한 단순화를 실현할 수 있다. 없애버릴 수 있는 모든 것을 제거하고 난 뒤에야 두 번째 방법을 사용할 수 있다. 그것은 축소하고(SHRINK), 숨기고(HIDE), 구체화하는(EMBODY) 것이다. 나는 이 방법들의 영문 첫 글자만 따서 "SHE"라고 부르도록 하겠다.

☑

SHE: 축소하라

작고 별 볼일 없어 보이는 대상이 우리의 기대 이상으로 성능을 발휘할 때 우리는 놀랄 뿐만 아니라 기뻐하게 될 것이다. 그때 사람들은 보통 이렇게 반응한다. "저 작은 물건이 모든 걸 해냈다는 거야?" 하찮게 보이는 물건으로 인하여 예상치 못한 즐거움을 얻게 될 때 단순화가 빛을 발한다. 물건이 작을수록 뭔가 잘못되더라도 그것을 더 관대하게 받아들인다.

작게 만든다는 것이 항상 더 나은 결과를 만든다는 의미는 아니다. 하지만 작게 만들었을 때 우리는 그것의 존재에 대해 조금 더 관대한 태도를 보이는 경향이 있다. 인체의 크기보다 큰 물건은 그에 적합한 대우를 받고, 작은 물건은 동정을 받는다. 부엌의 숟가락과 건설 현장의 불도저를 비교해 볼 경우, 우리의 몸집보다 더 큰 운송기기는 공포감을 조성하지만 둥근 주방용품은 해롭지도 않고 대수롭지 않은 것으로 보인다. 불도저는 사람을 깔아뭉개고 지나가서 생명을 끝장을 낼 수 있지만 숟가락은 사람 위에 떨어진다 해도 사람의 생명에 영향을 미치지는 않는다. "큰 것은 무섭고 작은 것은 사랑스럽다"는 법칙은 총이나 최루탄, 몸집이 작은 가라테(주로 두 손과 관절을 이용해 공격을 하는 일본의 전통 무술 — 옮긴이) 선수에게는 해당되지 않는 예외이다.

기술이란 '축소하는 것'과 같은 의미이다. 60년 전 6만 파운드 무게에 약 1,800평방피트를 차지한 기계의 연산능력이 지금은 새끼손가락 손톱의 10분의 1 크기보다도 더 작은 은색 금속에 압축할 수 있게 되었다. 흔히 '컴퓨터 칩'이라 불리는 집적회로(IC) 기술이 엄청나게 복잡한 기능을 훨씬 더 작은 물건에 넣을 수 있게끔 해준 것이다.

오늘날에는 점점 더 작아지면서 복잡한 기능을 내재한 기기가 가진 문제의 중심에 IC칩이 자리 잡고 있다. 부엌의 숟가락과 휴대폰은 정확히 동일한 크기의 면적을 차지하지만 휴대폰은 내부에 삽입되어 있는 수많은 IC칩들 때문에 불도저보다도 더 복잡하다. 그러므로 외관만 보면 속아 넘어가기 쉽다.

주로 IC칩이 현대사회의 제품들을 더욱 복잡하게 만든 원동력이 되었던 반면, 어마어마하게 복잡한 기계가 귀여울 정도로 조그만 젤리 과자 크기로 축소될 수도 있게 되었다. 제품이 작아질수록 그 기대치가 낮아지고, 많은 IC칩이 내장되어 있을수록 성능은 높아진다. 휴대폰에 내장된 IC칩과 전 세계의 모든 컴퓨터를 연결할 수 있는 무선기술의 시대의 도래와 함께 IC칩의 힘은 절대적이게 되었다. 이제는 커다란 제품은 복잡하고, 작은 제품은 단순했던 시대로 되돌아가는 것이 불가능하다.

작지만 복잡한 기계에 비유될 수 있는 아기는 부모의 끊임없이 관심을 필요로 하므로 그 부모들은 제 정신이 아닐 것이다. 그러나 아이 때문에 큰 혼란의 한가운데 있으면서도 아이가 "도와주세요! 날 사랑해 주세요!"하는 모습으로 크고 아름다운 두 눈으로 지쳐서 흐릿해진 부모의 눈을 응시할 때면 그만큼 소중한 순간에 누구나 무너지게 된다. 거부할 수 없는 귀여움이 바로 아이의 핵심적인 자기 보호 시스템이라고들 말한다. 나도 여러 차례 그런 일을 겪어 봤기 때문에 그 사실을 잘 알고 있다. 연약함은 동정심을 불러일으키므로 복잡성을 상쇄해 주는 중요한 요소다. 우연찮게도 단순함(SIMPLICITY)이라는 영어 단어 안에는 동정심(PITY)이라는 단어가 숨어 있다.

제품을 섬세하면서도 연약하게 보이도록 제작하는 과학은 미술의 역사 속에서 실천되어 온 기술이다. 예술가는 그가 만드는 작품을 통해 동정심과 공포, 분노를 비롯한 인간의 감성을 자극한다. 특히 강화된 소형화를 이루기 위한 예술가들의 여러 처리 기법 중 하나는 가볍고 얇은 성질을 불어넣는 것이다.

예를 들어, 뒷면이 거울로 되어 있는 애플의 아이팟은 제품이 어떤 주변 환경에도 잘 적응되므로 마치 하늘에 떠다니는 하얀색이나 검정색 플라스틱판과 같이 실제보다도 더 얇아 보이는 환상을 만들어낸다. LCD나 플라즈마처럼 이미 얇고 평면으로 된 스크린 디스플레이도 단순한 구조의 지지물이나 투명 합성수지 지지대 위에 고정시킴으로써 마치 떠다니는 것처럼 훨씬 더 가볍게 보이도록 만들어졌다. 또한, 레노보 싱크패드(Lenovo ThinkPad) 노트북도 얇아 보이게 만든 물건 가운데 하나다. 싱크패드 노트북 덮개는 비스듬히 경사가 있어 아래쪽 키보드 가장자리에서 멀어진 곳으로 시선을 돌리면 아무것도 보이지 않는다. 이와 같은 디자인 유형의 제품들을 lawsofsimplicity.com에서 더 찾아볼 수 있다.

가벼움과 얇은 성질을 통합시킨 디자인은 그것이 무엇이든 더 작고, 볼품없는 것이라는 인상을 남긴다. 하지만 예상했던 것보다 더 높은 가치가 드러날 때 이런 감정들은 사라지고 제품에 대한 감동을 느끼게 된다. 물건을 더욱 작게 만드는 데 필요한 첨단기술은 기술 발전의 주류를 형성하고 있다. 엄지와 집게손가락을 맞댄 사이에 들어갈 만큼 작은 기계를 만드는 나노 과학이 바로 그런 예다. 이처럼 복잡한 기술을 이용해서 크기를 줄이는 방법은 속임수처럼 보일지도 모르고, 실제로 속임수라고 할 수도 있다. 하지만 속임수라 할지라도, 복잡한 기능을 가진 물건을 단순하게 보이도록 만들 수 있다면 그것 역시 단순화의 한 형태이기도 한 것이다.

☑

SHE: 숨겨라

제거될 수 있는 모든 기능을 없애고, 제품을 얇게, 가볍게, 그리고 가늘게 만들었다면, 이제 두 번째 방법을 사용할 차례다. 단순 무식하게 들릴지도 모르겠으나, 바로 복잡한 것들을 숨겨버리는 것이다. '숨기기' 기법을 적용해 만든 대표적 제품이라 할수 있는 것이 스위스 군용 칼이다. 사용자가 사용하기를 바라는 하나의 도구만 꺼내고, 나머지 다른 칼날과 드라이버는 숨겨 둘 수 있게끔 만들어져 있다.

오디오/비디오 장치의 리모컨에 있는 엄청나게 복잡한 버튼의 배치는 사용자를 혼란스럽게 만드는 것으로 악명이 높다. 그래서 1990년대에는 시간이나 날짜를 설정하는 것과 같이 주로 잘 사용하지 않는 기능을 숨겨 두고, 재생과 정지, 꺼냄과 같은 주요 기능들만 외관에 드러내 놓는 디자인이 그러한 문제의 흔한 해결책이었다. 하지만 이러한 접근법도 더 이상 인기를 끌지 못하고 있는데, 아마도 제작 원가가 더 비싸고, 가시적 성능이 버튼 등을 통해 보여야 구매자들을 끌어들일 수 있다는 믿음이 팽배해졌기 때문인 것 같다.

스타일과 유행이 휴대폰 시장에서 강력한 구매 동기로 작용하게 되면서, 휴대폰 제조업체들은 단순하면서도 우아한 디자인에 고객들이 원하는 복잡한 기능을 모두 집어넣어야 했다. 서로 반대되는 두 가지 요구 사이의 균형을 이루는 데 전념하게 된 것이다. 근래에 유행하는 폴더형 휴대폰(스마트폰 등장 이전에 잠깐 유행했던 접이식 폰, 저자 집필 시기의 휴대폰 디자인 트렌드가 요즘과 달랐으니 그 점을 감안하여 이 부분을 읽기 바람 — 옮긴이)은 사용자가 진정 필요로 하는 기능을 숨겨 두었다가 사용할 수 있도록 만든 진화된 디자인이다. 모든 버튼이 스피커와 마이크 사이에 샌드위치처럼 끼어 있어서 덮개를 닫아 두었을 때는 마치 단순한 비누처럼 보인다.

그 다음에 등장한 디자인 트렌드는 서랍처럼 밀어서 기기를 펼치는 슬라이드 방식과 스크린을 회전시켜서 가로보기가 가능한 기능 등 폴더형 폰을 뛰어넘었다. 혁신을 요구하고, 더 나아가 복잡성을 숨기는 영리한 방식들이 있는 제품에 대해 기꺼이 비용을 지불할 준비가 되어 있는 시장이 그러한 진화를 계속 추진시킬 수 있었던 것이다.

하지만 '숨기기' 기법을 잘 활용한 사례로, 오늘날의 컴퓨터 인터페이스보다 더 좋은 것은 없다. 일단 화면 상단 메뉴 바는 응용프로그램의 기능성을 숨겨 준다. 화면의 나머지 세 면에도 컴퓨터의 성능 향상에 따라 더욱 기능이 추가되고 있는 메뉴들과 팔레트가 자리해 있는데, 이들은 더블 클릭을 해야만 볼 수 있다. 컴퓨터가 그 기능을 숨기는 능력은 무한해서, 단순한 제품이라는 착각을 일으키기까지 한다. 휴대폰, 전자레인지, 그리고 온갖 종류의 전자제품에는 작고 단순한 화면만 노출되어 있지만, 실제로는 믿기 어려울 만큼 복잡한 기능을 숨기고 있다.

독창적인 기계장치나 작은 크기의 디스플레이 화면으로 복잡성을 숨기는 기법은 속임수의 일종이라고도 볼 수 있다. 그리고 이러한 마법 같은 속임수에는 숨겨진 복잡성을 불쾌한 것이 아닌 만족스러운 것으로 만드는 힘이 있다. 모토롤라(Motorola)의 레이저(Razr)폰이나 극적인 성능을 가진 애플 컴퓨터의 맥 오에스 텐(Mac OS X)은 고객 스스로가 단순한 것이 아닌 복잡한 것을 부담 없이 선택할 수 있게 해 준다. 좋은 디자인은 복잡함이란 속성에 사용자가 어쩔 수 없이 끌려가고 그것을 감수해야 하는 것이 아니라, 스위치를 켜고 끄듯이 자유 의지에 의해 선택할 수 있는 것으로 만드는 힘이 있다.

제품의 기능이나 크기를 축소하면 기대치가 낮아지고, 복잡함을 숨기면 사용자 스스로가 기대치를 조절할 수 있다. 기술의 발달은 복잡함이 증가하는 문제를 일으키지만, 동시에 이러한 복잡함을 해결할 수 있는 기계장치나 재료의 발전을 가져오기도 한다. 기대치를 낮추거나, 기능을 숨겨 버리거나 하는 것으로 단순성을 추구하는 것이 가혹하게 들릴 수도 있지만, 이런 방법들 덕분에 더 많은 사람들이 더 큰 즐거움을 누릴 수 있게 된다는 장점도 있다.

✅ SHE: 구체화하라

기능은 숨어버리고 제품의 크기는 축소되면 그 제품은 가치가 떨어져 보일 수 있기 때문에 숨기고 축소시킨 뒤에 잃어버린 가치가 무엇인지를 찾아서 제품에 집어넣을 방법이 필요하다. 소비자들은 부피가 크고 기능이 많은 제품보다 가치가 높기만 하다면 작고 기능이 적어 보이는 제품을 선택하기 때문이다. 그러므로 품질에 대한 인식은 소비자가 기능이 다양하고 크기가 큰 물건 대신 크기가 더 작고 기능이 단순해 보이는 제품을 선택하게 함에 있어 중대한 요인이 된다.

품질을 구체화하는 것은 주로 비즈니스의 의사결정이지만 디자인이나 기술의 문제 그 이상이다. 비즈니스적 관점에서도 품질의 구현에 대해 접근할 수 있다. 더 나은 재료와 장인정신을 통해 실제로 품질을 향상시킬 수도 있지만, 사려 깊은 마케팅 캠페인을 통해 고객들에게 뛰어난 품질이 존재한다고 인식시킬 수도 있기 때문이다. 실제로는 품질을 높이는 데 투자거나 품질의 존재를 믿도록 만드는 방법 두 가지 중 어느 하나가 최상의 정답이라고는 말하기 어렵다.

인지된 우수성은 마케팅의 힘을 이용하여 소비자들에게 그 계획대로 주입될 수 있다. 우리가 마이클 조던처럼 슈퍼스타 스포츠 선수가 나이키를 신고 있는 모습을 보면 누구라도 그 스니커즈와 그의 영웅적 품질을 연계시켜 생각할 수밖에 없다. 굳이 유명 인사를 끌어들이지 않더라도 마케팅 메시지는 품질에 대한 신뢰도를 높이는 데 있어 아주 강력한 도구로 사용될 수 있다. 예를 들어 나는 대체로 구글을 열렬히 사용해 온 사람지만, 최근 마이크로소프트 라이브(Microsoft Live)와 애스크닷컴(Ask.com)의 텔레비전 광고를 주로 보게 된 결과, 예전보다는 구글을 덜 사용하게 되었다. 이처럼 암시의 힘은 강력하다.

고가의 재료와 정교한 공정에 기반하여 제품의 실제 품질을 높이는 것은 명품 산업의 기본이다. 이와 관련하여, 나는 페라리의 디자이너를 만난 적이 있었는데, 그는 페라리가 평범한 자동차들보다 적은 수의 부품을 쓰지만, 각각의 부품은 지구상에서 가장 뛰어난 것을 쓴다고 했다. 좋은 부품을 쓰면 훌륭한 제품이 탄생하며, 믿을 수 없을 정도로 뛰어난 부품을 사용하는 것이 전설적인 제품을 탄생시킨다는 간단한 철학이 이러한 관행을 뒷받침한다. 때때로 이러한 믿음은 너무 지나치게 나타나기도 한다. 티타늄 재질의 덮개를 가진 내 노트북이 대표적 사례이다. 아마 내가 노트북 티타늄의 강한 재질로 날아 오는 총알 세례를 막게 될 일은 없을 것이다. 그러나 질 낮은 플 라스틱이 아니라 이렇게 더 나은 품질의 재료로 제작된 노트북 에 개인적인 만족감을 느끼게 된다. 물질주의에 순기능이 있다 면, 소유하는 물건에 의해 우리가 느끼는 것이 바뀔 수도 있다 고 생각한다.

때때로 뱅앤올룹슨(Bang&Olufsen)사의 리모컨 디자인 에서 볼 수 있듯, 실제 품질과 고객의 인지된 품질이 잘 조화 를 이루는 경우도 있다. 그 제품은 얇고 가늘며, 고급 재료로 만 들어졌지만 실제로 들어 보면 사용자가 그 외관을 보고 기대 한 것보다 (의도적인 디자인 때문에) 더 무겁다는 것을 알 수 있다. 여기에는 고품질의 제품이라는 것을 미묘하게 전달하려는 의 도가 담겨있다. 비디오카메라 내부에 영상 촬영 전자결합소자 (CCD)를 일반적이 카메라와 같이 한 줄만 쓰지 않고, 고화질을 위해 세 줄로 배치했다고 해서 고객들이 쉽게 알아보지는 못한다. 그러므로 인지는 다소 시각적인 방법으로 드러낼 필요가 있다. 고객들이 제품의 가치를 인지할 수 있게 해야 한다. 물론 드러낸다는 것은 공교롭게도 첫 번째로 제시한 단순화 방법인 '숨기기'와는 상반되지만 말이다. 종종 제품에 붙어 있는 지나치게 야단스럽지 않은 스티커에 "3CCD 카메라 시스템"이라고 적어 두거나, 장비를 처음에 실행시킬 때 뜨는 메시지를 통해 이러한 숨겨진 기능을 광고하는 방법이 사용된다. 특히 구체화한 메시지가 단지 제품이 고품질이라는 점을 알려줄 때, 암시를 통해서 그 내용이 잘 전달될 수 없다면 품질의 우수성을 광고할 필요가 있다.

☑️ SHE 방법을 잘 활용하자

고유의 가치에 대한 감각을 잃지 않은 상태에서 가능한 모든 것을 줄이고 은폐하라. 향상된 재료를 사용하거나, 메시지를 담은 단서들을 통해 훌륭한 품질을 구체화하는 것은 제품에서 직접적으로 드러나는 자체적 측면을 축소시키고 감추면서도 그 고유의 가치와 미묘한 조화를 이루게 해주는 중요한 방법이다. 디자인, 기술, 그리고 비즈니스와 관련된 작업을 종합적으로 깨달은 뒤에 어느 정도까지 제품을 축소해도 내구성이 괜찮을지, 그리고 축소되었음에도 불구하고 어떻게 높은 품질을 구체화하여 사용자들에게 전달하는 것이 나을지에 대한 최종 결정을 내리도록 하라. 축소하고 숨기고 구체화하는 SHE 방법을 잘 적용했을 때는 작은 것이 더 낫다.

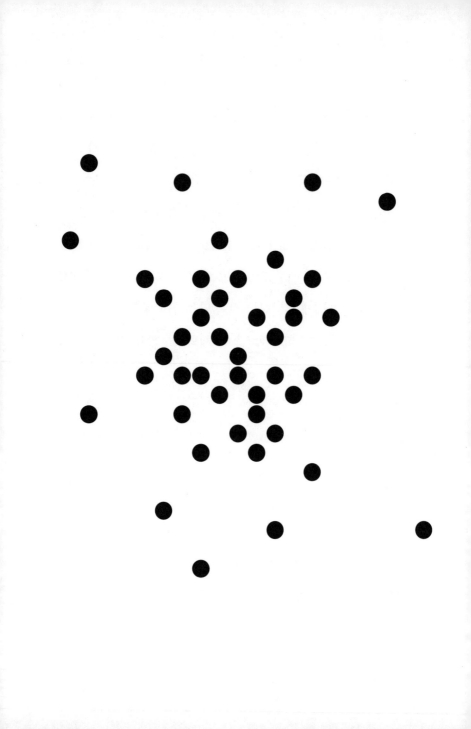

조직

조직화는 시스템의 많은 부분을
더 적어 보이게 만든다.

보통 복잡성을 관리하는 것에 매일 도전하는 전쟁터를 떠올리면, 가장 먼저 꼽히는 곳은 바로 집이다. 집에서는 물건들이 그냥 막 늘어나는 것처럼 보인다. 일상생활의 영역에서 단순함을 확보하는 데 일관성 있게 사용되는 전략으로는 세 가지가 있다. 첫 번째는 더 큰 집을 사는 것, 두 번째는 진짜 필요하지 않은 모든 것들을 모두 창고에 넣어 버리는 것, 그리고 마지막으로, 기존의 자산들을 체계적으로 조직화하는 것이다.

이러한 전형적인 해결책들은 뒤섞인 결과를 초래한다. 먼저, 더 큰 집을 마련하는 것은 전체 공간에서 쓸모없는 물건이 차지하는 공간의 비율을 낮출 수는 있다. 그러나 궁극적으로는, 넓어진 공간만큼이나 쓸모없는 잡동사니들도 더 많이 늘어나게 된다. 두 번째로 창고에 물건을 쌓아 둠에 따라 빈 공간의 수가 늘어난다. 하지만 빈 공간이 생기는 즉시 그 자리에 결국 창고로 들어가야 할 다른 물건들이 더 많이 들어차게 된다. 마지막 선택사항을 보면, 옷장 칸막이 같은 정리도구를 설치해서 물건을 원칙에 따라 배치하는 등의 체계를 도입하면, 사람들이 납득할 수 있는 원칙들을 조직화하여 이 혼란스러운 사태를 방지할 수 있다. 부동산 중개 시장이나 간편한 택배 서비스 또는 컨테이너 스토어(The Container Store, 미국에서 수납용품만 모아서 전문적으로 판매하는 브랜드 — 옮긴이) 같은 합리적인 가구 소매업체 등 쓸모없는 것들을 줄여주는 모든 산업들이 번창하는 것을 깨닫게 되었다.

엄청난 양의 잡동사니를 모두 펼쳐두거나 숨겨버림으로써 은폐하는 데 효과를 내기 위해 검증된 방법은 첫 번째 법칙인 '축소'를 실행에 옮기는 것이다. 이를 실천하기 위해서는 "무엇을 숨길 것인가?", 그리고 "어디에 둘 것인가?", 이 두 가지의 질문에만 답하면 된다. 깊이 생각하지 않거나 일손이 부족하더라도 이 방법만 이용하면 어지러운 방을 순식간에 깨끗하게 치울 수 있다. 그리고 일단 그렇게 치워 놓으면 적어도 며칠 혹인 일주일 정도까지는 그 상태를 유지시킬 수 있다.

하지만 복잡함을 좀 더 확실히 길들이기 위해서는 장기적인 관점에서 조직화를 위한 효율적인 방안이 필요하다. 다시 말해, 위의 두 가지 질문에 더해 "무엇과 무엇이 함께 묶여 있어야 하는가?"라는 훨씬 도전적인 질문에 대한 답도 마련해야 하는 것이다. 예를 들어, 옷장에 든 물건들은 넥타이, 셔츠, 바지, 재킷, 양말, 그리고 신발과 같은 항목들로 분류할 수 있다. 옷장 속의 수많은 것들을 이렇게 여섯 가지 범주로 나누고 나면, 범주만 관리하면 되기 때문에, 훨씬 효과적인 정리가 가능해진다. 조직화를 통해 많은 것이 훨씬 적은 것처럼 보이게 할수 있다. 물론 이는 범주의 수가 조직할 물건들 수보다 훨씬 적을 때 가능한 일이다.

아주 많은 선택사항들을 대안적으로 가지고 있을 때보다 작업해야 할 제품, 콘셉트, 그리고 기능, 또 눌러야 할 버튼의 숫자를 더 적게 만드는 것이 인생을 단순하게 해준다. 그렇지만 전혀 다른 요소들을 통합하고 조직화하는 것은 옷장 속 사물들을 분류하는 것보다 훨씬 복잡하고 어렵다. 지금부터 여러분이 스스로 조직화를 할 수 있도록 참고할 수 있는 가장 간단한 방법들을 살펴보도록 하자.

☑

SLIP: 무엇과 무엇을 함께 묶어야 하나?

같은 제조사에서 동일한 모양으로 생산된 양말을 세탁기에서 꺼내 짝을 찾아 정돈하는 일은 매우 간단하다. 하지만 인생에 등장하는 대부분의 사물들은 보편적인 검정색 스타킹처럼 단순한 것들이 아니다. 세부적인 것에서 시작해 전체 분류 구조를 만들어 내기 위한 방법으로, 내가 특별히 창안한 "SLIP"이라는 철자를 소개하려고 한다. 슬립(SLIP)이란 분류하고(SORT), 이름을 붙이고(LABEL), 통합하여(INTEGRATE) 우선순위를 정하는(PRIORITIZE) 과정의 각 단계 영어 첫 글자를 따서 명명한 것이다.

☑

분류하기

작은 포스트잇들에 조직화할 데이터들의 이름을 각각 하나씩 적는다. 그런 다음에 포스트잇을 평평한 표면 위에 놓고 이리저리 움직여서 자연스럽게 어울리는 그룹을 찾아 분류한다. 예를 들면 오늘 내가 해야 할 긴급한 일들을 슬립 절차에 따라 조직화를 해보겠다. 오늘 할 일들을 생각해 보면, MIT 출판부, 마하람(Maharam, 세계적인 고급 패브릭 제조 기업 — 옮긴이), 피터 (peter), 케빈(kevin), 암나(amna), 애니(annie), 부락(burak), 사에코(saeko), 리복(Reebok), T&H, DWR 등등의 단어가 떠오른다. 이것들을 기록한 포스트잇을 손으로 이리저리 움직여서 각각의 다른 결과들 옆에 배치하면 아래와 같은 대략적인 그룹들을 만들 수 있다.

암나	대니	마하람	피터	승훈
부락	브렌트	와이어드	케빈	아쯔시
켈리	아이샤	리복	마이크	리즈벳
애니	앰버	T&H	사에코	
		DWR		
		MIT 출판부		

☑
이름 붙이기

각각의 그룹에는 적절한 이름을 붙여야 한다. 이름을 결정하는 것이 힘들다면 문자, 숫자, 또는 색깔과 같은 임의의 부호를 부여할 수도 있다. 분류하고 이름을 정하는 과정을 능숙하게 해내기 위해서는 어떤 전문 스포츠 종목과 마찬가지로 꾸준한 연습이 필요하다.

지금	2학년	1학년	현재+	새로운 것	가까운 것	먼 것
암나	애니	브렌트	와이어드	마하람	피터	사에코
마이크	부락	아이샤	MIT 출판부	리복	케빈	아쯔시
	켈리	앰버		T&H		승훈
	대니			DWR		리즈벳

☑️
통합하기

가능하면 서로 아주 비슷하게 보이는 그룹들을 통합한다. 몇몇
그룹은 이 단계에서 떨어져 나갈 것이다. 일반적으로 그룹의
수가 적을수록 더 좋다.

지금	연구		새로운 것	가까운 것	
와이어드	애니	브렌트	마하람	피터	사에코
MIT 출판부	부락	아이샤	리복	승훈	아쯔시
마이크	켈리	앰버	T&H	리즈벳	케빈
	대니		DWR		

☑️
우선순위 정하기

마지막으로 할 일은 우선순위가 가장 높은 항목들을 가장 많은
관심을 받아야 할 하나의 집합으로 모으는 일이다. 내 경험에

비추어 볼 때 파레토의 법칙이 유용하게 활용될 수 있다. 파레토의 법칙에 따르면 주어진 데이터의 집합이 무엇이든 일반적으로 80퍼센트는 비교적 우선순위가 낮고, 나머지 20퍼센트만을 최우선순위로 관심을 가져야 한다는 것이다. 모든 일이 중요하지만 어디서부터 시작해야 할지를 아는 것이 더 중요한 첫걸음이다.

집중	기본				다음
와이어드	애니	아쯔시	대니	브렌트	마하람
MIT 출판부	부락	사에코	승훈	앰버	리복
암나	켈리	피터	리즈벳	아이샤	T&H
마이크		케빈			DWR

위에서 나타나 있듯이, 슬립은 "무엇과 무엇을 묶을까?"라는 질문에 대한 대답을 찾는 자유로운 형식의 절차다. 책상 위에 어지럽게 흩어진 수많은 포스트잇 조각을 손으로 이렇게 정리함으로써 혼단 상태를 쉽게 질서 정연하게 만들 수

있다. 이 방법을 통해 최선의 분류 체계를 찾는 것은 일종의 현명한 투자라 말하고 싶다.

슬립이 과학은 아니기 때문에 그 방법에 있어 옳고 틀린 것은 따로 없다. 당신이 보기에 적합하게 보이는 대로 슬립을 적용시키면 된다. 설령 이 방법을 진행하다가 슬립(slip)이란 영어의 의미대로 실수를 한다고 하더라도 당신의 실패를 지켜볼 사람은 아무도 없다. 일단 시도해 볼 가치가 있다. 책상 위를 조그만 종잇조각으로 어지럽히기 싫은 사람은 lawsofsimplicity.com에서 무료로 이용이 가능한 슬립 프로세스의 컴퓨터용 툴을 사용하여 시도해보기 바란다.

☑
탭 키의 효과

여기서 다루고 있는 이 법칙의 주제는 조직화이며, 슬립은 조직화를 시작하기 위한 여러 방법 중 하나이다. 구글에서 '조직화 방법(organization methods)'이라고 검색을 해보면 연관된 요소들을 방사형 구조로 퍼뜨려가는 기법인 '마인드맵'처럼 인기 있는 것을 비롯해 엄청나게 많은 수의 다양한 검색 결과가 나온다. 게다가, 웹에서 더 검색을 하다보면 놀라운 시각적 곡예를 이용하여 생각을 체계화하는 데 사용할 수 있는 3차원과 4차원 알고리즘들을 찾아낼 수도 있다. 이런 도구들에서는 생생하게 움직이는 글자가 나무로부터 자라 나오고, 물고기의 뼈 같은 구조에서 그림이 튀어나오기도 하며, 아이디어들이 현실과 같은 3차원 배경에서 떠다니고 날아다니기도 한다.

정보를 시각적으로 표현하는 방법은 내 전공의 근간이 되는 분야이므로, 내가 제대로 알고 있어야 하는 주제 중 하나이다. 그러나 아무리 복잡한 기술들을 익히더라도, 나는 언제나 같은 결론에 이르게 된다. 그것은 바로 '탭(Tab)' 키이다. 타자기를 사용하던 시절부터 탭 키는 혼돈에 질서를 부여하는 마법 같은 도구였다. 워드프로세서가 등장한 오늘날에도 탭 키의 전통적 역할은 여전히 사라지지 않았다. 하지만 안타깝게도 타자기로 탭을 설정할 때 들렸던 '탁'하는 만족스러운 소리는 사라졌다. 요즘 대학생들은 대부분 "타자기라고?" 하며 의심스러운 표정을 지을 것이다.

조직화의 개념과 탭 키의 연관성은, 정보를 더 단순하게 만들어주기 위해 디자인된 하나의 열쇠라는 점이다. 항목들에 대한 아래의 리스트를 살펴보라.

빨간색 사자 콜라 후추 사파이어

파란색 곰 과즙 소금 다이아몬드

초록색 악어 마티니 화학조미료 황옥

분홍색 홍학 에스프레소 마늘 루비

흰색 기린 우유 커민 에메랄드

검정색 펭귄 맥주 사프란 자수정

회색 개 물 계피 터키석

여기서 제시된 것처럼, 그 항목들의 개념적 조직 체계는 명확하지 않다. 복잡성은 탭 키를 충분히 흩뿌려주면 해결된다. 그러면 삶에 카테고리가 생기고 질서가 나타나게 된다.

빨간색	사자	콜라	후추	사파이어
파란색	곰	과즙	소금	다이아몬드
초록색	악어	마티니	화학조미료	황옥
분홍색	홍학	에스프레소	마늘	루비
흰색	기린	우유	커민	에메랄드
검정색	펭귄	맥주	사프란	자수정
회색	개	물	계피	터키석

자료를 이와 같이 표의 형태로 정리하는 것은 어렵지 않은 과학이면서도, 언제나 효과가 좋은 시각적 마술이다. 본문 중간에 탭 키를 사용해 한 칸을 띄워 주면 단락이 조직 원리에 따라 돋보이게 할 수 있다. 일반적인 언어를 넘어서는 컴퓨터 프로그래밍 언어는 읽을 수 없이 쓰여 있는 특별한 방언으로

인하여 쉽게 읽을 수 없다. 이를 잘 정리하여 이해하기 쉽게 만들기 위해 탭 키를 전략적으로 적절히 활용하는 것은 프로그래밍 코드에서 빼놓을 수 없는 요소이다. 그리고 그와 유사하게도 스페이스 바와 리턴 키를 함께 잘 활용하면 시각적으로 가벼운 디자인을 할 수 있다.

나는 연구 결과를 발표하기 위한 슬라이드를 보여줄 때면 종종 "어떤 프로그램을 사용하시나요?"라는 질문을 받게 된다. 그럴 때는 "당신은 어떤 원리를 사용하세요?"라고 다른 질문을 제안하는 것이 가장 적절한 답이라는 결론을 내리게 되었다. 정보를 밋밋하고 꾸밈없이 수직과 수평의 그리드로 배열하는 것은 매혹적인 느낌을 주지는 않으나, 항상 질서가 필요할 때면 확실히 제 기능을 하는 그래픽 디자인의 언어이다. 나는 혼란스러워 질 때마다 시선을 키보드 왼쪽 가장자리로 돌려 탭 키를 살며시 눌러준다. 단순함으로 가는 지름길은 새끼손가락 끝에 달려 있다.

☑️
제품의 형태 심리학

우리는 사물을 시각적으로 인지하거나, 표현할 때 패턴을 찾아내거나 형성하는 강력한 정신적 능력에 의지하게 된다. 형태 심리학은 특히 시각적 문제와 관련된 학문이다. 형태 심리학자들은 두뇌에 패턴을 형성하는 기제(機制, '메커니즘'이라고도 할 수 있다 — 옮긴이)가 있다고 믿는다. 예를 들면, 당신이 한 면이 완전히 닫히지 않은 상자 그림을 보면 마음속으로 "빈 공간을 채워서" 닫힌 상자의 모양을 상상하는 것이다. 형태주의의 또 다른 예로는 "동그라미, 동그라미, 동그라미"와 같은 일련의 모양을 보고 나서 또 다른 동그라미를 마음속으로 계속해서 그려보는 경향을 들 수 있다.

이제 다음에 나오는 그림에 대해 설명함으로써 게슈탈트 형태 심리학에 대한 소개를 완료하려고 한다.

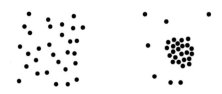

　　왼쪽에 흩어진 30개의 점과 오른쪽의 점들은 어떻게 다른가? 정답은 간단하다. 왼쪽에 있는 점들은 질서 없이 제멋대로 흩어져 있고, 오른쪽에는 점 몇 개가 확실히 무리를 이루고 있다. 무리 지어있는 점들은 작은 점들이 많이 모여서 이루어진 것이지만, 우리는 이 그림을 보자마자 그 모여 있는 점들을 "하나의" 그룹으로 인지한다. 오른쪽의 것과 같이 점들을 그룹화하여 혼돈에 질서를 부여함으로써 30개의 점들을 무계획적으로 표시한 것을 훨씬 더 단순화하였다.

　　인간은 조직화를 하는 동물이다. 그래서 우리가 보는 것들의 무리를 짓고 범주를 나누게 된다. "그는 잘난 체하는 사람인가?", "그녀는 배짱 있는 사람인가?", "그들은 함께 하는

가, 아니면 따로 떨어져 여행하는가?", "이 윗부분은 이 아랫부분과 맞는가?"와 같이 개념상 가장 '적합한' 것을 찾아내는 형태주의의 원리는 생존을 위해 중요할 뿐만 아니라 디자인의 핵심이 되는 개념이기도 하다. 반론의 여지가 있기는 하지만, 독일은 1919년에 시작된 전설적인 바우하우스(Bauhaus) 학파를 기반으로 디자인 분야를 처음 개척한 나라로 알려져 있다. 그래서 독일어로 디자인을 gestaltung('형태'라는 뜻의 영어 단어 gestalt와 유사한 어휘로 '형성'이란 의미 — 옮긴이)라고 하는 것이 단순한 우연은 아닌 것이다. BMW, 아우디(Audi), 브라운(Braun)과 같은 독일계 기업들은 소비자의 마음과 정확하게 일치하는 디자인을 찾아내기 위해 부단히 노력한다. 그들은 소비자의 요구와 맞아떨어지는 가장 적절한 형태를 추구한다는 공동의 목표를 갖고 있다.

애플 아이팟의 형태가 어떻게 변화하는지를 살펴보면 조직화에 작은 변화를 주는 것만으로도 디자인의 측면에 있어 얼마나 큰 차이를 만들어 낼 수 있는지 알 수 있다. 아이팟이 처음 출시됐을 때 바퀴모양 입력 버튼의 배치는 아래와 같았다.

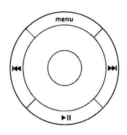

그 후, 아마도 비용을 절감하기 위해서였거나, 아니면 손가락이 통통해서 버튼을 누르기 어렵다고 불평하는 사용자들 때문이었든 간에, 애플은 조그만 다이얼을 둘러싼 네 개의 버튼을 분리시켜 위쪽에 한 줄로 배치한, 아래와 같은 모양의 아이팟 버전을 출시했다.

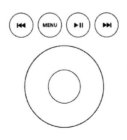

그러나 애플은 아이팟을 더 복잡하게 만들어 버렸다. 새로 나온 아이팟은 이전에 중앙에 집중되어 있었던 기능을 정말 매력적이지 않아 보이게끔 위쪽에 한 줄로 늘어놓아 이전의 것보다 더 복잡해 보였던 것이다. 버튼들이 한 줄로 늘어선 신형 아이팟이 나왔을 때 구형 모델을 사려고 돌아다녔던 기억이 떠오른다. 단순해서 아름다웠던 것을 쓸데없이 복잡하게 만든 것은 생각만 해도 극도로 화가 치밀었다.

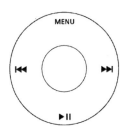

하지만 애플은 더 최근에 출시한 아이팟에서 이음새가 없는 하나의 컨트롤러에 모든 버튼을 통합시킨 지극히 단순한 디자인으로 회귀했다.

지금까지 설명한 세 가지 디자인을 나란히 놓고 비교해 보자.

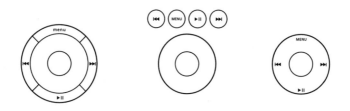

왼쪽에서 오른쪽으로 가면서 아이팟은 '간단했다가 복잡해졌고, 마지막에는 지극히 단순한' 형태로 변모했다. 아이팟의 컨트롤 변천사를 점으로 나타내면 아래와 같다.

왼쪽에는 스크롤 다이얼이 버튼을 둘러싸고 있고, 가

운데에 있는 것은 버튼이 분리되어 있고, 오른쪽의 것은 구름처럼 보이는 데에 스크롤 다이얼과 버튼이 하나로 통합되어 있다. 구름처럼 점들이 모여 있는 오른쪽 그림은 개별적인 요소들이 번지면서 하나로 합쳐진 것처럼, 하나로 통합되어 있음을 보여준다.

이처럼 번짐의 미적 가치는 미술사에서 흔하게 찾아볼 수 있다. 예컨대 짧은 붓질로 흐릿한 구름과 흡사한 표현을 한 모네의 인상파 그림이나 조지아 오키프(Georgia O'keeffe)의 전형적인 꽃그림이 이에 해당된다. 가장자리가 부드러운 모양은 신비로운 느낌을 주므로 자연스러운 매력을 뿜어낸다. 이와 마찬가지로 아이팟의 세 번째 컨트롤은 단순하게 하나의 이미지로 흐리게 뭉쳐져서 매력적이다.

그런데 이처럼 경계를 흐릿하게 만드는 접근 방식에도 단점이 있다. 일례로 나는 최근 크리스마스 파티에서 내 매형이 아이팟을 사용하는 법을 모른다는 것을 처음으로 알게 되었다. 버튼과 스크롤 다이얼이 통합돼 있었기 때문에 그는 노래를 검색하는 방법을 직관적으로 알 수 없었던 것이다. 아이팟 디자인은 앞서 제시했던 "무엇과 무엇을 함께 묶을 것인가?"라는 질문에 "전부 다"라고 응답한 예였다. 그러나 모든 사람이 추상적인 예술과 인상파를 좋아하는 것은 아니듯, 개개인이 자연스럽게 여기는 분류 체계는 모두 다를 수 있다. 이것이 아이팟이 아닌 다른 MP3 플레이어가 여전히 판매되고 있는 이유이기도 하다. 하지만 결국 매형도 아이팟을 사용하는 법을 완벽히 익히게 되었고, 아이팟의 컨트롤 휠이 좋은 형태를 갖춘 것이라는 사실을 증명해 보였다.

☑ 눈을 가늘게 뜨고 봐라

그룹을 만드는 것은 좋다. 하지만 그룹을 너무 많이 만드는 일은 처음에 그룹화를 한 목적을 생각하면 모순적이므로 좋다고 할 수 없다. 흐릿해진 그룹은 훨씬 더 단순하게 보이기 때문에 강력하다. 하지만 더 추상적이게 된 대가로 인하여 구체성은 떨어지게 된다. 그러므로 디자인 주도적으로 세상을 바라보는 것은 매우 창의적인 활동이라고 볼 수 있다. 이는 혼란스러움을 해결하고 가장 올바른 형태를 추구하는 자연스러운 마음의 허기를 채워 주기도 한다.

이 세상에서 가장 뛰어난 디자이너들은 모두 무언가를 바라볼 때 눈을 가늘게 뜬다. 그들은 눈을 가늘게 뜬 채 나무부터 본 다음에 숲을 보고, 올바른 균형을 발견한다. 적게 만들수록, 더 많은 것을 볼 수 있다.

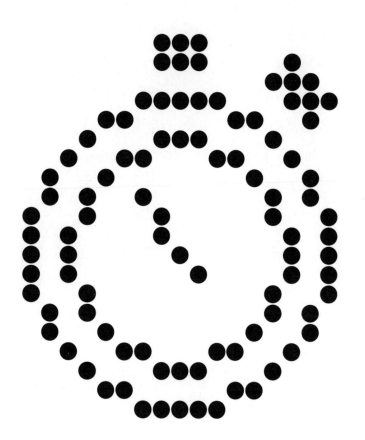

시간의 절약이 곧
단순함의 느낌과 같다.

보통의 사람들은 최소 하루에 한 시간씩은 줄을 서서 기다리는 것이 일상이다. 게다가 줄을 서지는 않지만 대기를 해야만 하는 셀 수 없이 힘든 몇 초, 몇 분, 몇 주를 더하여 보라.

그 기다림 중 우리가 인지하지 못하는 시간도 있다. 수도꼭지를 돌려놓고 수도에서 물이 나오기를 기다리는 것이 그 일례이다. 또 가스레인지 위에 올려놓은 물이 끓기를 기다리면서 조급해지기도 한다. 심지어 계절이 바뀌기를 기다리기도 한다. 어떤 기다림은 좀 더 분명해서 종종 긴장이나 짜증을 유발하기도 한다: 웹페이지가 열리기를 기다릴 때, 가고 서기가 반복되는 교통 체증이 해소되기를 기다릴 때, 혹은 병원에서 건강검진 결과가 나오기를 기다릴 때 그렇다.

어느 누구도 기다림이 주는 좌절감을 겪는 것을 좋아하지 않는다. 그래서 소비자와 회사가 그러하듯, 우리 모두는 시간을 아끼는 방법을 열심히 찾고 있다. 어떻게든 좌절감을 줄여 보기 위해서 가장 빠른 수단이나 다른 방법을 찾아보려고 한다. 제품이나 서비스와 관련된 어떤 상호작용이 생각보다 빨리 처리되면, 우리는 이 효율성을 인지된 단순함의 덕으로 돌린다.

속도에서 주목할 만한 효율성을 얻은 대표적 사례는 페덱스(FedEx)의 익일 배달 서비스와 맥도날드에서 햄버거를 주문하는 과정이다. 기다릴 수밖에 없는 상황에서는 불필요할 정도로 삶이 복잡해 보인다. 반대로 시간이 절약되면 단순한 것처럼 느껴진다. 드물지만 그런 일이 일어나면 우리는 매우 고마워한다.

시간 절약은 묵시적 혜택으로 이어진다. 기다리는 시간을 줄이면, 뭔가 다른 일을 하는 데 그 시간을 쓸 수 있게 된다. 결국 그것은 우리 인생에 주어진 시간을 어떻게 쓸 것인가 하는 선택의 문제인 셈이다. 퇴근 시간을 10분 앞당기면, 사랑하는 사람들과 10분 더 시간을 보낼 수 있다. 이렇게 절약한 시간은 사업뿐만 아니라 인생에서 매우 가치 있는 보상이다.

시간을 절약한다는 말의 의미는 정말로 시간을 줄인다는 뜻이며, 첫 번째 법칙에서 소개했던 SHE 방법이 우리를 도와줄 수 있다. SHE 방법은 축소하고 숨겨서 줄인 뒤에, 줄이느라 감소되어 보이는 가치는 구체화와 명시화를 통해 보충하라고 이야기한다. 여기서 SHE 방법이 다시 효력을 발휘하는지 알아보도록 하자.

✅ SHE: 시간 단축하기

나는 항상 정신을 차리고 살고자 노력하는 모범적인 "바쁜 남자"로서, 시간을 단축하는 것에 대한 목표에 개인적으로 매우 익숙하다. 공항 검색대를 활강 스키를 타는 선수처럼 빠르게 통과하고 싶어서, 검색대에 도착하기도 전에 신발 끈을 풀고 가방에서 노트북 컴퓨터를 꺼내 놓고 기다리는 사람이다. 또 매일 밤 아이들이 잠들기 전에 집에 도착하기 위해서, 뉴욕시 택배 배달원이라도 된 듯 항상 MIT에서 집까지 가장 신속하게 갈 수 있는 길이 무엇일지를 고민하고 선택한다. 전자의 경우에는 공항 검색대에 도착하기 전에 짐을 풀어서 다른 사람들에게 보여야 하는 민망스러움을 감수해야 하고, 후자의 경우에는 악명 높은 보스턴의 교통 전쟁을 피해 가느라 더 많은 통행료를 지불해야만 하는 길을 어쩔 수 없이 택해야 한다. 하지만 개인적인 시간을 절약하기 위해 내가 치르는 대가는 규모가 큰 사업체들이 시간을 절약하기 위해 들이는 정성에 비하면 아무것도 아니다.

5분이 소요되는 과업을 1분으로 줄일 수 있는 것이 절대로 잠들지 않고 제시간에 맞춰 돌아가는 세상을 탄생시킨 생산관리(Operation Management) 분야의 존재 이유이다. 2006년에 접어들며 도요타는 뛰어난 운영 관리 기법 덕분에 GM을 뛰어넘을 수 있었다. 선반에 쌓인 제품을 한눈에 구분할 수 있는 놀라운 기술인 무선 주파수 인식(RFID) 기술을 도입하려는 것도 재고 조사에 필요한 시간을 획기적으로 줄이기 위함이다. 비즈니스에서 큰 위험을 감수하면서 작업 과정을 최적화하고 시간을 절약하고자 하는 이유는 그것이 생존을 위한 필요성 때문이다. 개인적인 측면에서 보면, 우리 역시 생존을 위한 비즈니스의 세계에 살고 있기는 하지만 다른 다양한 방법을 통해 시간을 절약할 수 있는 자유는 있다.

시간을 차츰 줄여나가기 위한 무한한 방법들 중 우리가 선택할 수 있는 가장 뛰어난 해결책은 모든 제약을 없애는 것이다. 나는 애플사에서 출시한 아이팟 셔플(iPod Shuffle)을 보고 그 사실을 깨달았다. 아이팟 셔플은 다른 아이팟 제품들과는 다르게 하나뿐인 LED를 제외하면 다른 액정 화면이 없으므로 가격이 저렴할 뿐만 아니라 마모 저항력도 더 낫다.

나는 라디오 광고를 통해 아이팟 셔플에 대해 처음 알게 되었다. 그 광고는 잘 기억은 나지 않지만 "전원만 연결하면 음악을 무작위로 선별해서 들려줍니다. 네. 무작위로요!"라도 했던 것 같다. 그때 새로운 기대감에 흥분을 억누를 수 없었고, "애플이 하얀색 제품 디자인을 출시하더니 이제는 무작위 음악 재생 기능까지 발명했다는 거야?" 하는 감탄까지 들었다.

개인의 선택권을 기계에 위임한다는 것은, 아이팟의 스크롤 휠을 만지작거리는 시간을 줄일 수 있다는 점에서 매우 혁신적이다. 지금 현재 아이팟 셔플이 음악을 선택하는 방식은 무작위적이다. 하지만 가까운 미래에는 사용자의 기호와 습관, 심지어 기분까지 파악하여 그에 적합한 음악을 선곡하는 아이팟이 등장하게 될 것이다. 구글의 '운 좋은 예감' 검색도 어쩌다가 운이 좋아서 딱 맞는 결과를 찾아주는 것이 아니라 언젠가는 사용자가 원하는 것을 정확하게 찾아줄 것이다.

이러한 미래의 모습 중 일부는 이미 오늘날 우리와 함께하고 있다. 아마존닷컴에 들어 가보면 당신이 좋아할 만한 책들을 당신과 유사한 취향을 가진 사람들의 선호도를 분석하여 추천해준다. 아마존닷컴에 등록된 전체 제품을 검색하려면 시간이 많이 걸리는 반면, 이 서비스를 활용하면 필요한 책을 찾아내는 데 소요되는 시간을 절약할 수 있다. 다른 누군가에게 중요하지 않은 선택을 맡기는 것은 단순함을 성취하는 바람직한 전략이다.

거시적인 측면에서 보면, 정부와 기업은 비용을 절감하기 위해 시간을 줄이고 지름길을 택하려고 노력하고 있다. 개인들도 비슷한 목적을 달성하기 위해, 효용성을 추구하기 위해 희생을 감수하곤 한다. 시간을 한정되어 있다. 그러므로 효율적이면서도 충만한 삶을 살기 위해서는 어디에 신경을 더 쓰고, 어디에 신경을 덜 쓸지를 잘 판단하는 것이 매우 중요하다.

☑

SHE: 시간을 숨기고 가치를 구체화하기

시간을 표시하는 장치를 환경에서 제거해버림으로써 시간의 경과를 숨기기 위하여, 진행 시간을 줄이는 것은 때때로 어느 정도까지만 효과가 있고 시간의 "절약"이라는 대안이 되는 셈이다. 의미를 가지진다. 내가 느끼기에 오래 전부터 나는 다른 사람들처럼 손목시계를 차지 않았고, 그 때문에 시간이 흐르는 것을 전혀 느끼지 못한 채 지낸다. 비록 손목시계는 없어도 내 휴대폰이 현재의 시간을 알려 주므로 상관이 없다. 나는 그 휴대폰 액정화면의 시간 표시도 꺼놓을 수 있으면 하고 바란다.

이와 관련하여 라스베이거스의 카지노 전용시설에서 손님들에게 적용하는 약삭빠른 속임수를 능가할 만한 사례는 거의 없다. 전문적인 카지노 영업소에 처음 발을 들여놓는 고객들에게는 '시간에 대한 인식 기능을 잃게 되는' 경험이 될 수 있다. 전형적인 카지노에는 하루의 시간이 얼마나 지났는지를 보여주는 시계나 창문이 없다.

이처럼 단순한 환경적 설정은 손님들이 잠을 자지 않은 채 도박을 함에 있어 논리적으로 충분히 괜찮다고 생각을 하게 만든다. 카지노는 합법적이기만 하다면, 손님을 계속 잡아 두기 위해서 근처에 있는 모든 휴대폰도 조작하여 시간을 왜곡시켜 보여줄 것을 상상해볼 수 있다. 물론 시간을 숨기는 것이 시간을 절약한다는 의미는 아니다. 그것은 시간에 대한 염려를 압박 받지 않아도 된다는 환상을 만들어낸다.

우리는 배터리가 떨어져서 멈춰 버린 시곗바늘을 앉아서 보고 있으면 기운이 빠지는 느낌이 들곤 한다. 뭔가 잘못됐다는 느낌이 들 것이다. 우리는 시간이 흘러가는 모습을 보는 것을 좋아한다. 시간이 자연스럽게 흘러가는 것은 자연스러운 현상이니까. 반면에 시계가 완전히 숨겨져 있다면 시간이 흘러간다는 사실을 의심치 않고, 몇 시쯤 되었을까 하는 불안감에 시달린다. 똑딱똑딱 소리를 내며 움직이는 시계 초침은 모든 일이 잘 흘러가고 있다고 안심을 시켜주는 신호이다.

개인용 컴퓨터가 사용되기 시작했던 초기 시절에는 내장된 자료를 이동식 디스크나 멀리 떨어져 연결된 컴퓨터와 같은 외부 저장 공간으로 전송할 때에는 몇 초부터 몇 시간까지,

어느 정도의 시간이 걸리는지 알 수가 없었다. 사용자는 이동 명령을 실행시키고 그 작업이 끝날 때까지 시간이 얼마나 걸릴지 짐작도 못 한 채 기다려야 했다. 얼어붙은 컴퓨터는 얼어붙은 시계와 같아서, 이렇게 고통스러운 대기 경험을 해결하기 위해 방법으로 "진행 막대"라는 것이 등장하게 되었다. 애플사는 연구에 투자를 했었고 사용자가 오랜 처리 시간을 필요로 하는 과업을 제시받는 것에 대한 실험을 했다. 그들은 진행 상태에 대한 시각적 표시장치 또는 진행 막대가 보일 때 그렇지 않을 때보다 사용자가 컴퓨터의 작업 속도가 더 빠르다고 인식하는 것을 알아내었다.

그럼 우리 간단한 실험을 해 보도록 하자. 아래의 그림 중 왼쪽의 것은 시간의 연속적인 흐름을 보여주는 막대들이다. 맨 위쪽에서부터 아래쪽으로 내려가면서 살펴보고, 가장 아래에 가득 채워져 있는 맨 마지막 막대를 보아라. 시간이 흐르면서 막대가 가득 채워지는 모습이다. 아래의 오른쪽에 있는 막대는 작업이 완료될 때까지 단계적으로 진행이 되어가는 상태를 보여주고 있다.

　무엇을 알 수 있는가? 나는 확신한다. 오른쪽의 진행 막대가 왼쪽의 것보다 작업 시간이 덜 걸리는 것처럼 느껴지게 하는 효과가 있다. 마치 하인즈의 케첩 통에서 터져 나오는 케첩처럼 왼쪽의 막대를 보면 시간이 펑 하면서 갑자기 흘러가는 것 같다. 한편 오른쪽 진행 막대를 보면 버터 칼로 빵에다 버터를 펴 바르듯 시간이 부드럽게 흘러간다.

사람들에게 기다리는 시간이 얼마나 많이 남았는지를 알려주는 것은 인도적인 관행으로 점점 더 인기를 얻고 있다. 진행 막대나 숫자로 남은 시간이 얼마나 되는지 알려 주는 신호등이 등장한 것이 그 증거이다. 서비스 콜센터에 전화를 걸어도, 자동 응답 음성이 당신이 상담원과 통화를 하려면 얼마나 더 기다려야 하는지를 알려 준다. 이처럼 시간은 시계나 디지털 형태, 혹은 추상적인 그래픽 화면으로 구체화될 수 있다. 아주 작은 LED를 마치 심장 박동처럼 깜빡이게 해서 사용자에게 모든 것이 다 괜찮다는 것을 알리기도 한다. 지식은 곧 편안함이며, 이 편안함이 바로 단순함의 핵심이다.

시간은 움직임과 속도감의 환상을 표현한 "스타일링"을 이용한 더 기만적인 접근법을 통해 구체화될 수도 있다. 1930년대에 레이몬드 로위(Raymond Loewy)라는 디자이너는 '유선형'이라는 디자인 개념을 최초로 도입하여 널리 인정을 받았다. 그의 이름을 모르는 사람도 있겠으나, 그가 옛날에 디자인한 코카콜라 병의 디자인을 모르는 사람은 없을 것이다. 로위는 비행기와 제트 추진기의 심미적 디자인에서 영감을 얻은 유선형 디자인을 가전제품에 응용한 것으로 유명하다. 예를 들어, 진공청소기나 토스터에 비행기의 시각적 특성을 차용해서 훨씬 가벼우면서도 민첩해 보이게 만들었다. 또한, 공기 역학적 기능을 없지만 수평타와 같은 구조물을 자동차에 장착하여 속도감을 표현한 것이 그것이다.

오늘날의 컴퓨터는 속도의 이미지를 강화하기 위해 자동차 산업에서 영감을 받은 급강하는 느낌을 주는 스타일링 단서를 이용하고 있다. 지금은 델(Dell)의 자회사인 에이리언웨어(Alienware)는 이러한 경향에 따라 "핫 로드(마력과 속도를 높이기 위해 개조한 자동차 — 옮긴이)" 스타일링을 컴퓨터에 응용하여 에어 덕트와 연극 조명 등을 본체 디자인에 적용한 컴퓨터를 생산한다.

스타일링은 오해를 불러일으킬 수 있는 기만의 한 형태이지만 소비자의 관점에서 보면 바람직한 속성이기도 하다. 우리는 앞으로 나가고 있다고 느낄 수 있도록 해주는 긍정적인 강화를 필요로 한다. 그렇지 않은가?

똑딱 똑딱 똑딱

매년 같은 일이 반복적으로 일어난다. 나는 눈보라 때문에 공항 활주로에서 네 시간 동안 발이 묶여 있다가 다음 비행기 편을 알아보기 위해 세 시간 동안 줄을 서서 기다리기도 하고, 그 다음날 아침에 공항 검문대 앞에서 또 다시 두 시간 동안 대기하며, 다시 활주로에서 한 시간 동안 기다린다. 이처럼 삶은 곧 기다림이란 깨달음은 어른이 되어서야 마음에 다가오는 것이다. 어릴 적에는 기다린다는 생각 자체가 낯설게 느껴져서 참을 수 없었지만 성인이 되면 언제나 무엇인가를 기다려야 한다는 데 익숙해지게 된다.

때때로 기다림에 대한 일상적 경험이 한계에 다다를 때가 있다. 예를 들면 프레젠테이션을 하기 위해 수백 명의 청중 앞에서 이동식 디스크 드라이브에서 프레젠테이션용 컴퓨터로 중요한 파일을 복사할 때 그런 상황이 일어나는 것이다. 모든 사람들이 당신이 프레젠테이션을 시작하기를 기다리고 있는데 진행 막대가 느릿느릿 진행되다가…… 그러다가…… 멈춰 버리는 것이다. 평소 기계에 대한 신뢰가 의심스러워지고, 기계에 대한 당신의 신뢰도를 시험 받고, '취소' 버튼을 누르고 싶은 유혹에 빠지게 되는 순간이기도 하다. 수백 명의 시선을 한 몸에 받고 있는 그 순간에 작업을 취소하고 다시 시작할 용기가 생기겠는가? 다시 시작했을 때 더 오래 걸릴 지도 모르는 무모한 도박이 두려워서 계속 기다리는 게 더 무모한 것은 아닐까?

중요한 과정을 빠르게 처리되게 하는 것은 인류에 큰 혜택이라 할 수 있다. 하지만 빠른 것은 저렴하지 않다. 우체국에서 US포스탈서비스를 이용하여 서류를 보내는 데 드는 비용은 고작 39센트이지만, 익일에 도착하는 특급 우편 서비스를 이용할 경우에는 14달러 40센트나 지불해야 한다. 급행으로 보내는 데 40배에 가까운 비용을 더 지불해야 하는 것이다. 직행 항공 노선을 타면, 갈아타는 노선보다 시간을 절약할 수 있지만, 비용은 훨씬 더 비싸다. 게다가 끝없이 끝없이 계속 인상되는 연료비용과 가속에 대한 특권을 위해 추가되는 비용도 고려해야 한다.

하지만 웹 기술은 시간과 비용이 반비례하여 교환된다는 점에서 예외적이다. 구글의 뉴스 사이트는 불과 '3분 전에' 올라온 최신 소식을 세계의 사건들을 제공한다. 세계 곳곳에서 일어나는 사건들을 코앞에서 보게 해주는 것이다. 또 웹사이트에 접속하기만 하면, 세계 어디에서나 새터데이 나이트 라이브 (Saturday Night Live)의 자랑스러운 "뉴욕의 현장 공연"을 웹 중계를 통해 생방송으로 시청할 수 있다. 웹의 속도는 지금 당장 처리되기를 바라는 기대치를 높이고 있다.

작업 과정의 속도를 높이는 것은 선택사항이 아니다. 고객들이 대기시간의 경험을 더 참을 만하도록 느끼도록 그들에게 추가적인 신경을 써주어야만 한다. 일례로 나는 추수감사절 시즌에 우리 동네 홀푸드마켓(Whole Foods Market, 세계 최대의 유기농 프리미엄 제품 전문 체인점 — 옮긴이) 매장 내의 모든 계산대에서 고객들이 뱀처럼 길게 늘어진 줄을 서서 기다릴 때, 이 줄에서 마트가 무료로 쿠키와 다른 시식용 음식을 제공해주는 것에 감사한다. 이처럼 시간을 절약하는 것은 양적으로 빠른 것과 질적으로 빠른 것 사이의 적절한 조화라 할 수 있다.

**대기시간을 얼마나
더 짧게 줄일 수 있을까?** ←·····→ **대기시간을 얼마나
참을 수 있게 만들 수 있을까?**

SHE 방법을 위와 같은 질문으로 달리 표현할 수 있는데, 한쪽은 시간의 제약을 어떻게 축소시킬 수 있는지(shrink)를 묻는 질문인 반면, 다른 한쪽은 소요되는 시간을 어떻게 숨

기거나(hide), 그 가치를 구체화할(embody) 수 있을지 묻는 질문이다. 실제로 소요되는 시간을 절약하거나 시간의 흐름과 생각을 같이 할 수 있게 해주는 것, 또는 가장 낮은 비용으로 시행할 수 있는 방법은 대체로 하루의 결실을 얻게 해줄 것이다.

SHE 방법은 우리가 시간과 마음에 드는 방식으로 관계를 조작할 수 있도록 도와준다. 시간이 절약될 때, 혹은 그렇게 보이게 만들면 복잡한 것도 간단하게 느껴질 수 있다. 예를 들어 의사가 주사를 재빨리 놓으면 덜 아프게 느껴지는 것 같고, 그 주사가 우리의 생명을 구해 줄 것이라는 사실을 알게 되면 훨씬 덜 아프게 느껴진다. 후자의 현상은 네 번째 법칙인 '학습'에서 더 자세히 다루어질 예정이니 더 이상 여기에 머무를 필요가 없다. 그러니 더 기다리지 말고 다음 법칙으로 넘어가자.

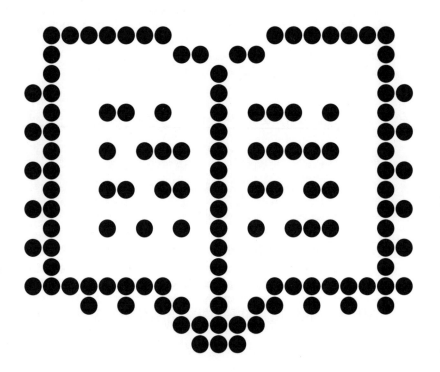

학습

지식은 모든 것을
더 단순하게 만든다.

나사를 돌리는 것은 언뜻 보기에는 간단해 보인다. 나사의 끝이 일자든 십자든 간에, 그저 나사 머리에 난 홈을 적절한 스크루드라이버의 맨 끝에 맞추기만 하면 된다. 하지만 그 다음부터 일어나는 일들은 간단하지 않다. 관찰을 해보면 어린이 혹은 한심할 정도로 보호를 받아야 하는 어른이 잘못된 방향으로 스크루드라이버를 돌리는 것을 알게 될 것이다.

내 아이들은 "오른쪽은 단단하게, 왼쪽은 느슨하게 〔Righty tight (l)y, lefty loos (el)y〕"라는 영어의 운율을 활용한 아내의 가르침 덕분에 나사를 사용하는 규칙을 기억하고 있다. 개인적으로 나는 시계와의 유사성을 활용하여 시계 방향으로 돌리면 나사가 단단하게 들어간다고 기억하고 있다. 이 두 가지 방법 모두 한 가지 지식을 알아야 사용할 수 있다. 왼쪽과 오른쪽을 구분하거나 시계 방향이 어느 쪽인지는 알고 있어야 하는 것이다. 이처럼 나사를 사용하는 일은 생각만큼 쉽지 않다. 그것이 분명 단순한 제품인데도 그렇다!

그래서 나사는 단순한 디자인이지만 사용자가 어느 방향으로 돌리는지 알아야만 사용할 수 있는 것이다. 지식은 모든 것을 더 단순하게 만드는 법이다. 이는 어떤 제품에나, 아무리 복잡한 것에도 통용되는 진리이다. 하지만 과업에 대해 배우기 위해 소요되는 시간이 종종 시간 낭비인 것처럼 느껴지는 경우가 있다는 것이 문제가 된다. 이는 세 번째 법칙 '시간'에 위배되는 것이다. 우리는 '나는 설명서가 필요 없어. 그냥 해보자'는 식으로, 무작정 저질러 놓고 보는 방식으로 접근하곤 한다는 것을 잘 알고 있다. 그러나 사실 이러한 방법은 때때로 설명서의 지시에 따르는 것보다도 더 많은 시간이 소요되는 결과를 초래한다.

다른 사람에게 기초적인 개념을 가르치는 일은 복잡한 공급망을 관리하거나 슈퍼컴퓨터를 프로그래밍하는 일에 비하면 하찮게 보일 수도 있겠다. 하지만 아이에게 신발끈을 묶는 법을 가르쳐 본 사람이라면 구글의 검색 알고리즘을 작성하는 일이 더 쉽다고 생각할지도 모른다. 나는 현재 MIT의 교수지만 솔직히 말해서 아직도 가르치는 법을 터득하려고 애쓰고 있다. 내가 가르치는 방법을 익히는 데 가장 큰 도움을 받은 경험은 학생으로 되돌아가 MBA 과정을 이수했던 것이었다.

다시 학생이 되었기 때문에 MIT에서 신입생으로서 해

보는 소박한 경험과 캠퍼스에서 가장 어리석은 사람이 된 것 같은 기분을 느껴 볼 수 있었다. 교수가 하는 일이 세상에서 가장 쉬운 것이다. 교수는 모든 답을 알고 있는 것처럼 행동하기만 하면 되니까 말이다. 반면 학생은 이해하는 교수들로부터 답을 짜내야 할 뿐만 아니라 그 답을 이해해야 하기 때문에 교수보다 훨씬 더 힘든 일이다.

학생이자 교육자로서, 나는 "좋은 학습"이라고 간주하는 것에 대한 접근법으로써 내가 잘 아는 디자인 방법 몇몇 개를 제시한다. 그것들은 계속 보완 중인 작업으로 살아있는 개념의 자연스러운 진화를 통해 꾸준히 정제되고 있다.

☑

당신의 뇌를 사용하라

특정한 지식을 습득하고자 하는 바람이 있을 때 최고의 학습

이 이루어진다. 때때로 그러한 욕구는 의식 고양이라는 목적
그 자체로 고귀하다고 할 수 있다. 비록 대부분의 경우에서는,
좋은 점수나 캔디 바 같은 어떤 종류의 뚜렷한 보상이 학습자
들의 동기를 유발하기 위해 필요하다. 자부심을 느끼고자 하
는 내적 동기이든, 카리브해 무료 여행권을 얻고 싶다는 외적
동기이든 간에, 그 과정이 견디기 좋은 편이 더 좋은 법이다. 하
지만 나도 본 적이 있는 〈피어 팩터(Fear Factor)〉, 〈서바이버
(Survivor)〉와 같은 TV 리얼리티 쇼는 충분한 보상을 받을 수
있다면 그 여정이 아무리 험난하더라도 상관없는 경우가 있다
는 것을 보여준다.

　　"당근과 채찍"이라는 원칙은 긍정적인 동기와 부정적
인 동기의 선택, 즉 보상과 벌칙의 사이에서 무엇을 선택할지
에 관한 것을 시사한다. 하지만 나는 선생들이 정확한 답을 내
놓은 학생에게 대가로 캔디나 그 밖의 다른 혜택을 주는 행위에
는 찬성하지 않는다. 하지만 수업 중에 졸고 있는 학생에게 지

우개를 던지는 MIT 동료 교수의 행동에도 동의할 수가 없다.

대신에, 내가 10년 동안 교수로서 일하면서 얻은 데이터는 학생들에게 감당하기 힘들 정도로 어려운 과제를 안겨 주는 것이 학구열을 자극하는 가장 효과적인 방법임을 보여준다. 엄청나게 많은 양의 과제는 평균 수준을 뛰어넘는 성취도를 가진 MIT 학생들에게는 일종의 보상이라고들 한다. 하지만 최근에 학생으로 생활하면서 그와 같은 나의 자학적 태도를 버리고 전체론의 접근방식을 택하게 되었다.

기본이 시작이다(BASICS are the beginning).

종종 스스로 **반복하라**(REPEAT yourself often).

좌절하는 것을 **피하라**(AVOID creating desperation).

실례를 통해 **영감을 얻어라**(INSPIRE with examples).

스스로 반복할 것을 **절대 잊지 마라**(NEVER forget to repeat yourself).

지금까지 여러분은 SHE와 SLIP과 같이 내가 첫 글자를 따서 만든 단어들에 질려 버렸을 테니 위 법칙들의 영문 첫 글자를 따면 BRAIN(브레인)이 된다는 사실에 대해서는 말하지 않겠다.

첫 번째 단계인 '기본이 시작이다'는 입문자의 위치로 되돌아가는 상황을 가정해보는 것이다. 전문가로서 이 역할을 수행하는 것이 불가능한 것은 아니지만, 포커스 그룹이나 외부의 참가자들에게 이를 맡기는 편이 가장 좋다. 비전문가들이 이해하지 못하는 것이 무엇인지를 관찰하고, 바로 그 지식의 사슬 끝까지 연속적으로 추적하며 파고들어가는 것이 성공을 향한 길이다. 물론 이렇게 진실을 파악하는 것은 분명 가치가 있지만 시간을 소요시키거나 잘 해내는 것이 쉽지 않은 일이다. 따라서 인류학자들이나 인간공학자들과 같이 인간에 관해 전문적으로 연구하는 전문가들을 고용하는 것은, 국제적인 디자인 컨설팅회사인 아이데오(IDEO)에서 일하는 내 컨설턴트 친구들의 성공을 통해 매우 효과적인 방법임이 입증되었다. 그렇지 않고, 아이데오에 일을 맡길 만한 여유가 없으며, 또 기꺼이 세 번째 법칙인 '시간'을 조금 위반할 수 있다면, 가장 쉬운 방법은 스스로 기본을 익히고 실천하려고 노력하는 것이다.

몇 년 전에 나는 스위스 타이포그래피 디자인의 거장 볼프강 바인가르트(Wolfgang Weingart)가 미국 메인 주에서 하는 정규적인 여름학교 강의를 듣기 위해 방문했던 적이 있다. 그때 나는 정확히 동일한 입문 강의를 매년 반복하는 바인가르트의 능력에 감탄했던 한편, 내심 '그는 지겹지 않을까?' 하고 생각했다. 똑같은 이야기를 계속해서 반복하는 일은 아무런 가치가 없다는 마음이 들었고, 솔직히 말해 그 장인을 조금 얕보게 되기도 했다. 하지만 아마 세 번째쯤인가 바인가르트를 만났을 때는 비록 그가 똑같은 이야기를 하고 있었지만 해를 거듭할수록 내용을 조금씩 더 간단히 정리해서 말하고 있다는 사실을 깨닫게 되었다. 그는 기초 중의 기초에 집중하면서, 그가 전달하고자 하는, 타이포그래피의 압축된 본질에 대해 알고 있던 자신의 모든 지식을 축소할 수 있었던 것이다. 그의 독특한 사례는 내가 가르치는 일에 대해 다시 흥미를 가질 수 있도록 불을 지폈다.

대부분의 사람들이 그렇지만, 만약 당신이 자의식이 강한 사람이라면 반복을 해야 하는 일이 쑥스러울 것이다. 하지만 반복은 효과적이며, 미국 대통령과 다른 지도자들을 포함한 모든 사람이 그렇게 하고 있기 때문에, 반복하는 일을 부끄럽게 생각할 필요는 없다.

'단순함, 단순함, 단순함'이란 표제로 슬레이트닷컴(slate.dom)에 소개되었던 2004년 조지 W. 부시 대통령의 재선 이야기에서 알 수 있듯, 단순함과 반복은 서로 관련되어 있다. 선거 유세 여행에서 부시는 테러리즘과 이라크에 대한 동일하고 간단한 메시지를 반복적으로 전달했다.

예술가 마이크 노스(Mike Nourse)는 2004년에 "테러, 이라크, 무기"라는 작품명을 붙인 비디오 아트 작품을 만들어 부시 대통령의 그 메시지를 보강해주었다. 노스가 미국의 이라크 공습 전날, 텔레비전에 방영된 부시의 전체 연설에서 '테러, 대량 살상 무기, 이라크'라는 세 단어가 들어간 클립을 모두 편집하여 삭제하고 남은 분량을 보니, 전체 연설 분량의 10퍼센트밖에 남지 않았다. 그 뒤에 미국이 이라크와 전쟁을 일으킨 것도 그리 놀랄 만한 아니었던 것이다. 미국인들은 이라크가 미국에 테러를 가할 만한 대량 살상 무기를 보유하고 있다고 인식했을 것이기 때문이다. 나도 분명 그렇게 확신했었고 다른 많은 사람들처럼 두려워했으나 그 이유는 확실히 알지 못했다. 지금은 잘 알고 있다. 바로 반복이 효과를 냈기 때문이었다.

절망감을 회피하는 것은 학습이 걱정될 때의 목표가 된다. 우리 모두는 사람들이 최신식 부가 기능이 탑재된 신제품을 보자마자 '우와'라고 감탄하면서 놀라워하기를 바라겠지만, 때때로 '우와' 대신 '어라' 하는 소리를 듣게 될 수도 있다. 그리고 그 새로운 기능들에 압도되는 고통에 대처하기 위해 두통약을 복용해야 할지도 모르겠다. 새 프로그램이 최신 기능과 경이로운 성능에 대해 나에게 설명하기를 얼마나 간절히 바라는지 알고 있기 때문에 컴퓨터에 있는 소프트웨어를 업그레이드하기가 두렵다. 선생과 학생 간의 지식 차이가 얼마나 큰지를 MBA 학생이 되어 직접 체험하면서 느껴 보니, 교수들이 종종 사용하는 "충격과 경외감" 전략은 충격을 받은 학생들을 낙담만 시킬 뿐이다. 교수들이 대학이라는 환경 속에서 자신도 모르게 점점 둔감해져 가는 것 같다. 부드럽게 격려를 해주면서 시작하는 것이 학생이나 신규 고객을 몰입형 학습의 과정으로 이끄는 최고의 방법이다.

영감은 학습을 위한 궁극적인 촉매제다. 내적 동기가 외적 보상을 이길 수 있다. 누군가에 대한 절대적인 믿음이나,

신과 같이 더 위대한 존재에 대한 믿음이 있으면 자기 자신을 믿고, 방향을 잡아 나가는 데 큰 힘이 된다. 나는 대학 학부생 때 우연히 디자이너이자 작가인 폴 랜드(Paul Rand)가 저술한 책을 읽고 디자인 분야에서의 영감을 얻을 수 있었다. 랜드는 IBM과 ABC, 웨스팅하우스(Westinghouse), UPS와 같은 기업들의 로고를 디자인함으로써 브랜딩과 기업 로고 분야에 절대적으로 공헌했을 뿐만 아니라, 후배 디자이너들에게 이루고 싶은 목표를 제시했다. 그의 책을 접하게 된 지 정확히 10년 후 나는 그의 스튜디오에서 랜드를 만났고, 그 기억을 소중히 간직하고 있다. 랜드는 그 이듬해에 82세의 나이로 사망했고, 나는 그가 변함없이 사랑하는 아내 매리언(Marion)을 포옹하고 있던 모습을 기억한다. 랜드는 아주 짧은 시간 동안 아주 많은 것을 가르쳐 주었다.

안정감을 갖고 (초조함과 좌절을 피해서), 자신감을 가지며 (기초를 통달해서), 본능을 느끼는 것은 (반복을 통해 길들여지면서)

모두 합리적인 욕구를 충족시킨다. 적어도 나에게는, 다른 것들로부터 영감을 받는 것이 더 높은 목표의 설정으로 이어지며, 그 목표가 진정한 보상이 된다. 교육의 실천을 통해 다른 사람들에게 영감을 부여하는 것은 가장 지적인 형태의 박애주의라 할 수 있다.

마지막으로, 스스로 반복하는 것이 중요하다는 사실을 절대 잊지 말아라. 내가 이미 말했던가?

☑
관련짓기-해석하기-놀라게 하기!

나는 교육자로서 앞에서 언급한 학습 과정을 위한 다섯 단계 접근법을 꾸준히 진화시켜 나가고 있다. 하지만 원래 나는 첫 번째 사회생활을 교육자가 아닌 MIT에서 교육을 받은 엔지니어로 시작했다. 당시에 내가 복잡한 시스템을 배워 익히려고 할 때 내 동료들은 "빌어먹을 설명서 읽기(Read the F*cking Manual)"의 줄임말인 "RTFM"이란 중요한 규칙을 가르쳐 주었다. 매뉴얼을 읽어 봐야만 알 수 있는 것이다. 누군가 문제를 겪고 있나? 그들에게 RTFM에 대해 알려주어라. 사건 종결—단순함을 해결하는 궁극적 방법. 물론 이것이 완벽한 해결책은 아니다. 아마 입문자들이 읽을 수 있는 설명서는 없을지도 모르겠고, 특히 이런 상스런 말씨를 진짜 좋아하는 사람은 아무도 없다.

사용자들이 이해하는 과정을 더 쉽게 만들어주기 위해 "엔지니어식 접근법"의 투박함을 대신하는 것은 더 섬세한 "디자이너식 접근법"이다. 최고의 디자이너들은 사용자들이 (교훈을 얻거나 욕설을 할 필요 없이) 바로 이해할 수 있는 직관적인 경험을 만들기 위해 기능과 형태를 결합시킨다. 최고의 디자인은 즉각적인 친밀감을 불러일으킬 수 있는 능력의 정도에 따라 결정된다. "이봐, 난 이전에도 이런 것을 봤어!"라는 반응이 목표가 되며, 이런 반응이 그 제품을 사용해 보겠다는 자신감을 준다. 두 번째 법칙에서 설명했듯, 형태주의(게슈탈트) 디자인의 원리는 그럴 듯한 관계를 종합함으로써 '여백을 채우는' 정신의 능력에 의존한다. 디자인은 그런 인간의 본능을 움직이면서 시작한다. 다음으로 구성요소 간의 관계가 유형의 제품이나 서비스로 이해될 수 있게끔 만든다. 그리고 이상적으로, 여기에 약간의 놀라움을 줄 수 있는 기능을 추가한다면 사용자가 했던 노력을 가치 있게 만들 수 있다. 이런 단계들을 간단히 줄여서 '관련짓기–해석하기–놀라게 하기(RELATE–TRANSLATE–SURPRISE)'라고 하는 것이다.

'책상'을 은유적으로 표현한 컴퓨터 모니터의 바탕화면 디자인은 1980년대에 처음 소개되어 지속적으로 사용되고 있으며, 앞서 말한 '관련짓기–해석하기–놀라게 하기'의 효과에 대한 아주 흔한 사례이다. 그래픽 사용자 인터페이스(GUI)가 등장하기 전에는 가로 80자 세로 20자의 문자들을 표시하는 커다란 격자무늬 화면밖에 존재하지 않았다. 컴퓨터 내부의 모든 세계는 선형적으로 조합된 문자와 디지털 코드에 의해 나타낼 수 있었다.

제록스(Xerox, 미국의 문서관리 기기 제조사)의 연구원들은 새롭게 출현하던 컴퓨터 그래픽 기능들과 사무실 책상의 흔한 패러다임을 결합하여, 인간과 정보 사이에서 직관적 이해를 가능케 하는 관계를 나타낸 인터페이스의 체계를 구축했다. 몇 개의 서류를 묶어 둔 책상 위 서류철은 데이터 파일을 담고 있는 폴더로 표현되었고, 책상 옆에 놓여 진 물리적 쓰레기통은 가상의 쓰레기통으로 묘사되어 삭제된 데이터를 보여줄 수 있게 되었다. 이러한 방식으로 표현된 것을 디자인업계에선 '메타포(metaphor, 은유)'라고 한다(옮긴이).

잘 알려진 물리적 책상과 컴퓨터 바탕화면의 연관성은 소비자의 즉각적인 구매 인지를 형성시켰고, 잘 이해될 수 있는 개념들에 의해 구매 욕구가 강화되었다. 이와 같은 소위 "파괴적" 기술들을 확실하게 전파하려면, 실질적인 보상 혹은 '아하!' 하고 감탄사가 나올 정도로 의미 있는 것들이 있어야 한다. 이제는 디지털을 이용하여 기존에는 상상할 수 없을 정도로 정보를 수집, 분류, 재분배하고, 다른 목적으로 사용하는 능력을 통해 그러한 놀라움의 요소들을 드러낼 수 있다.

"데스크톱 메타포"와 같이 옛 관습과 새로운 기술을 연결시켜서 사용자가 쉽게 이해할 수 있게 해서 성공한 사례들은 연관성을 통해 낯선 개념을 익숙하게 만들 수 있다. '관련짓기－해석하기－놀라게 하기'의 방법은 당신이 가지고 있는 것과 공통된 경험을 가지는 것을 필요로 한다. 예를 들어 일본의 사용자들은 애플 매킨토시가 처음으로 선보였던 휴지통 아이콘을 알아보지 못했다. 실제 생활에서 수직으로 골을 낸 금속 휴지통을 한 번도 보지 못했기 때문이었다. 메타포, 즉 은유는 '관련짓기－해석하기' 단계에서 핵심적인 개념으로 기능하지

117

만 '놀라게 하기'라는 마지막 단계는 은유가 효과를 내지 못할 경우에는 적절하지 않을 수도 있다.

또한, 디자인 문화도 이 '관련짓기-해석하기-놀라게 하기'란 과정이 운용되는 방식에 영향을 미칠 수 있다. 합리적이고 전형적인 독일의 디자인은 '관련짓기-해석하기'의 두 단계에는 순순히 따르지만 마지막에 가서 반드시 놀라움을 준다는 보장은 하지 않는다. 브라운의 면도기는 정말 완벽하게 작동하지만 더 이상은 아무 것도 없다.

한편, 영국 현대 디자인은 조나단 아이브(Jonathan Ive)가 이끄는 애플의 혁신적 디자인에서 잘 알 수 있듯이 마지막 순간에 놀라게 하는 요소를 두는 데 주안점을 둔다. 여성의 입술에서 영감을 받은 스튜디오65(Studio65)의 소파처럼 강렬한 즐거움을 주는 이탈리아 디자인의 가치는 '관련짓기-해석하기-놀라게 하기' 과정을 도치시켜 만들어진다. 이처럼 '관련짓기-해석하기-놀라게 하기'는 취향에 따라 다른 방식으로 활용될 수 있다.

메타포는 기존 지식의 거대한 부분을 어떤 맥락에서 다른 곳으로 전이시킬 때 특별한 추가적 노력 없이도 쉽게 이해할 수 있도록 하는 데 매우 유용한 플랫폼을 제공한다. 하지만 메타포는 예측하지 못했던 놀라움이 주는 즐거움을 동반했을 때만 효력을 발휘한다. 예를 들어, 미슐랭 3스타를 받은 전설적 프랑스 요리사 알랭 뒤카스(Alain Ducasse)의 레스토랑에 가면 항상 요리의 책략이 던져진다. 음식 맛이 어떠할 것이라고 알고 있던 간에 언제나 예상치 못한 새로운 맛을 즐길 수 있는 것이다.

〈식스 센스(The Sixth Sense)〉의 감독인 M. 나이트 샤말란(M. Night Shyamalan)이 연출한 작품들처럼 훌륭한 영화들은 모든 내용을 관객들이 쉽게 이해할 수 있게 전개하다가 마지막에 가서야 반전을 보여준다. 복잡한 디자인을 위한 학습의 지름길로써 메타포는 그 비유가 적절하면서도 예기치 못한 기쁨을 선사할 때 가장 효과적이다.

☑ 진정한 보상

나는 자라면서 같은 반 친구들이 좋은 성적을 얻은 데 대한 보상으로 자전거와 상금을 받는 것이 이상하다고 생각했다. 이 어려운 판단의 문제를 부모님께 제시했더니 그들은 "네 친구들은 정말 운이 좋구나!"라고만 반응하셨다. 그게 전부였다.

어떤 경우에는 성과를 얻는 과정 자체를 알아주는 것이 보상 체계가 될 수도 있다. 기어 다니면서 걸음마를 배우던 딸이 나이가 더 많은 그녀의 형제자매들처럼 걸어 다닐 수 있게 되는 과정을 지켜보면서 그 사실을 입증할 수 있었다. 우리 집에서 부엌에서 식당까지 가기 위해서는 아래층으로 계단을 내려가야 한다. 딸아이는 처음에 머리를 먼저 내밀고 기어서 계단을 내려가려고 시도하다가 그 방식이 위험하다는 사실을 재빨리 학습했다. 나중에는 계단 근처에서 몸을 돌리고 다리를 먼저 내려서 가는 방법을 찾아냈고, 그 덕분에 집 안에서 내비게이션을 사용하듯 자유로이 돌아다닐 수 있게 되었다.

아이는 막 걷기 시작할 때, 완전하지 못한 걸음걸이로 계단을 내려가려고 시도했다. 물론 그러다가 넘어지고 말았지만 말이다. 나는 아이에게 예전에 장애물을 탐색하기 위해 고안했던, 다리를 먼저 내린 뒤에 기어가는 방법이 효과적일 수 있다는 것을 직접 보여주려고 노력했다. 뜻밖에도, 아이는 그렇게 하는 것을 거부하고 계속해서 다른 모든 사람들처럼 걸어서 계단을 내려가기를 원했다. 이 경우에서 보상은 곧 '성장'이었다. 우리는 나이가 들면서 어린이로서 가질 수 있었던 그러한 단순함을 잊어버리는 경향이 있다.

나는 사용 중인 휴대폰의 사용설명서가 함께 포함된 휴대폰 기기보다 크기가 훨씬 더 크다는 사실이 의아하게 느껴졌다. 그렇다. 사용하기 어려우면 당연히 배우기도 어렵다. 그래서 복잡한 제품에는 그와 만찬가지로 복잡한 설명서가 딸려 나온다. 그런데 자동차 설명서는 디지털 카메라 설명서보다 훨씬 얇다. 물론 이것은 적절한 비유가 아닐 수도 있다. 미국에서 자동차를 운전하기 위해서는 한 학기 동안 공식적 교육을 이수하고, 일정 시간 이상의 연습을 거친 후에 자격시험까지 통화해야 하니까 말이다. 고등학교 시절 받은 '운전자 교육'이 두꺼운 자동차 사용설명서가 필요 없도록 만들었다고도 할 수 있다.

어려운 과업들은 일반적으로 그것들에 대해 "알면 좋을 때"보다 "알아야 할 필요가 있을 때" 더 쉬워 보인다. 10대들에게 역사, 수학, 화학 과목은 알아 두면 좋은 것에 불과하지만, 운전자 교육을 완료하는 것은 자주성을 위한 근원적 필요

성을 충족시킨다. 삶을 시작하면서 우리는 독립을 갈망하며 삶
의 끝에서도 마찬가지이다. 그 자체만으로도 최고의 보상이 되
는 것이다. 최고의 보상의 핵심에서 핵심은 생각하고 생활하며
존재하는 데 있어서의 자유를 위한 근원적 욕구이다.

　　나는 단순하든, 복잡하든, 합리적이든, 비논리적이든,
국내용이든, 해외 시장용이든, 기술 애호가를 위한 것이든, 기
술 공포증 환자를 위한 것이든 간에 학습과 삶의 거대한 맥락
을 깊이 연결시킨 것이 가장 성공적인 제품 디자인이라는 사실
을 알게 되었다.

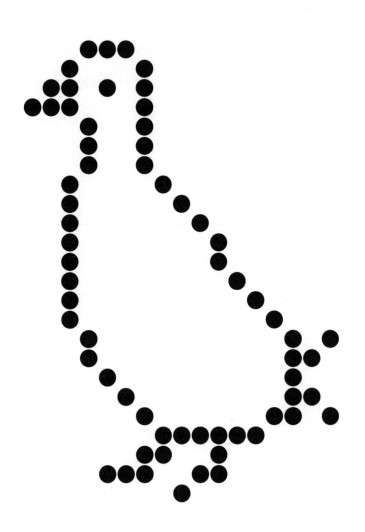

단순함과 복잡함은
서로를 필요로 한다.

오직 디저트만 먹고 싶어 하는 사람은 아무도 없다. 아이들조차도 하루 세 끼 모두 아이스크림만 먹게 하면 결국 달콤한 맛에 질려 버릴 것이다. 마찬가지로 오직 단순함만 가지길 원하는 사람은 아무도 없다. 복잡성의 대조적 요소가 없다면 우리는 단순함을 보면서도 알아보지 못한다. 우리가 차이를 경험할 때라면 언제든 우리의 눈과 감각은 발달하고 때때로 퇴보한다.

대조를 인식하는 것은 종종 변화하게 되면서 우리가 바라고 있는 품질을 확인할 수 있게 도와준다. 개인적으로 나는 분홍색을 선호하지 않지만 단조로운 올리브 그린 색상의 바다에서 밝게 빛나는 분홍색은 정말 좋아한다. 그때 분홍색은 어둡고 차분한 배경과 비교했을 때 대담하고 생동감 넘쳐 보인다. 어떤 것을 다른 것과 비교할 수 있을 때 우리는 그 장점을 훨씬 잘 알 수 있다.

단순함과 복잡함은 서로를 필요로 한다. 시장에 복잡한 것들이 많을수록 더 단순한 제품이 두드러지는 법이다. 또 기술은 계속 복잡함 속에서 발전할 것이기 때문에, 제품을 돋보이게 해주는 단순화 전략을 채택하는 것이 더 명확한 경제적 가치를 가지게 되기도 한다. 그렇긴 하지만, 디자인에 단순함의 느낌을 불어넣기 위해서는 의식적으로 어떤 뚜렷한 형태에서 복잡함을 드러낼 필요가 있다. 이러한 관계는 동일한 제품이나 경험에서, 혹은 같은 상품 카테고리 내에서 다른 제품들과 대조적일 때 더욱 분명해질 수 있다. 단순한 디자인의 아이팟이 MP3 플레이어 시장의 훨씬 더 복잡한 경쟁 제품들과 비교될 때 그러하듯 말이다.

동일한 경험 속에서 단순함과 복잡함의 적절한 조화를 찾아내는 것은 어려운 일이다. 서로의 가치가 상쇄되어 버리는 대신에 차이를 강화할 수 있는 방법은 아직 나도 여전히 그 원리를 명확히 알지 못하는 미묘한 예술과도 같다. 내가 지금까지 알아낸 해결책은 중 가장 근접한 방법은 차이의 조절을 기반으로 한 리듬의 개념을 이용하는 것이다.

복잡함

단순함

복잡성을 향해 상승한 다음, 단순함을 향해서는 비스듬히 하강했다가 다시 복잡함을 향해 상승하며 진동하는 것을 끝없이 반복하는 수학적 그래프에 대해 생각해보라. 마치 전개 과정에서 변화하는 노래처럼 시간이 흐르면서 일어나는 일에 대해 생각할 수 있을 것이다. 아니면 당신의 시선이 이미지와 경험의 변화를 가로지르며 여행을 하는 회화 작품과 같은 공간에서 일어나는 일에 대해 생각해 볼 수도 있다. 단순함과 복잡함이 시간과 공간 속에서 어떻게 발생하는지에 대한 리듬에 그 열쇠가 있다.

☑

리듬이 전혀 없는 상태

링크드인(LinkedIn)과 프렌드스터(Friendster, 2000년대 초반의 초창기 소셜 네트워크로 프로필을 통해 메시지, 사진, 영상 등을 공유할 수 있었다. 지금은 사라진 서비스 — 옮긴이) 같은 인터넷 기반 네트워킹 서비스가 성행하는 요즘 시대에 명함을 주고받는 것이 갖는 의미는 점차 가치를 잃고 있다. 그럼에도 불구하고, 나는 의례적으로 명함을 교환하는 일본의 비즈니스 문화권에서 성장했기 때문에 아직도 정중하게 머리를 숙여 인사하면서 엄지와 집게 손가락 사이에 명함을 끼워서 양손으로 전하는 데 익숙해 있다. 일본에서는 젊은 시절에 명함을 갖고 다니지 않는다고 상사들에게 셀 수 없이 많은 꾸지람을 듣곤 했다. 낯선 사람에게 명함을 건네지 않은 채 자신을 소개하는 것은 극도로 무례한 행위로 간주되었다.

시대가 바뀌자 일본에서도 두 손으로 명함을 건네는 관습은 세계화의 추세에 따라 한 손으로 건네는 좀 더 격식 없는 방식으로 변했다. 명함의 중요성이 떨어짐에 따라 명함의 인쇄 품질과 제작기술도 함께 저하되었다. "제 이름을 구글에 검색해보세요(Google me)."라는 말이 존재하는 것 자체가 바로 전통적인 명함의 쇠락을 상징적으로 나타낸다.

그러나 아직도 나는 미국에서 가로 3.5인치, 세로 2인치, 그리고 아시아나 유럽에서는 가로 90밀리미터, 세로 55밀리미터의 직사각형 명함을 받고 있다. 일반적으로 나는 두 번째 법칙에 따라 책상 위를 깨끗하게, 규칙적으로 정돈시켜 둔다. 그리고 책상에 명함이 쌓이기 시작하면 바로 행동에 들어간다. 명함 더미를 SLIP 규칙에 따라 분류하여 데이터베이스에 입력한 다음, 바로 재활용 쓰레기통에 버리는 것이다(가끔씩 볼 수 있는 금속이나 플라스틱 명함이 아닌, 종이로 된 명함인 경우).

솔직히 모두 공개하자면, 나는 두 번째 법칙인 '조직화'를 위배한 적이 있다. 절대 쓰레기 더미에 버리지 않는 명함이 한 장 있기 때문이다. 신비로운 양의 그림이 그려진 크림색의 얇은 명함이다. 처음에는 명함에 그려진 양의 경계심 어린 눈빛 때문에 그 명함을 버릴 수 없을 것 같았다. 하지만 때때로 받는 사람 사진이 인쇄된 명함을 분쇄해 버리는데도 아무렇지도 않게 느끼는 것을 보아서는 지켜보는 눈빛이 있다는 것이 그 원인이라고 생각하지는 않는다. 사실 그 명함의 주인인 히로아키(Hiroaki)라는 사람을 딱 한 번 만났기 때문에 그를 잘 모르고, 명함과 관련된 특별한 추억이 있는 것도 아니다. 그런데도 그 명함은 7년이 넘도록 내 책상 위에 조용히 놓여 있고 앞으로도 그 위치에서 벗어나지 않을 것 같다.

히로아키 씨의 명함 옆에 당신의 명함을 놓아 보라. 흑백으로 인쇄된 이 책은 부드러운 노란색 종이와 좌측 하단에 찍힌 그의 삽화 인장에서 감도는 밝고 붉은 빛을 보여주지는 못한다. 하지만 당신은 잘 드러나지 않는 상세한 부분에 대해 상상해볼 수 있을 것이다. 나는 아직까지 크기나 그림의 특성 측면에서 이와 비슷한 명함을 발견하지 못했기 때문에 그 명함을 여전히 책상 위에 올려 두고 있다. 그것은 다른 명함들과 차별화된 유일한 것이다. 만약 농장의 동물들을 표현한 그림이 있는 얇은 명함이 유행하게 된다면, 분명 이 명함도 그 가치를 상실하게 될 것이다.

☑️

다나카 선생과 마신 차 한 잔

나는 현대 일본 그래픽 디자인의 아버지라 불리는 다나카 잇코(田中一光, 그의 이름은 한자로 '하나의 빛'을 뜻함) 선생과 서로 알고 지낼 수 있는 특권을 가졌다. 일본에 살 당시, 유명한 현대 건축가인 반 시게루 씨와 함께 다나카 선생 댁에서 티 파티에 참석했던 적이 있었다. "티 파티"라고 하면 유럽의 그것처럼 섬세하게 짜인 컵 받침대와 프티 푸르(petit four)라고 불리는 차와 함께 내는 작은 케이크 또는 쿠키 같은 것이 떠오르겠지만 일본의 티 파티는 좀 더 고상한 면이 있다.

당시에 다나카 선생은 차를 대접하고 음미하는 의식인

다도를 수행하는 학생이었고, 우리는 그의 실험 대상이었던 것이다. 다나카 선생과 같은 거장이 70대의 나이에도 여전히 무언가를 새롭게 배운다는 것을 상상하기 어렵겠지만, 아시아에서는 이처럼 끊임없이 배우는 모습을 흔히 볼 수 있다. 예를 들어 가라테라는 무예의 세계에서는 검정띠의 색깔이 다시 시작을 의미하는 하얀색으로 바래질 때까지 오랫동안 착용하고 수련하는 것을 자랑스럽게 여긴다. 다나카 선생은 일본 디자인업계에서는 검은 띠였다.

그날의 의식은 다도의 일반적인 순서에 따라 다구(차를 만드는 데 쓰이는 도구들 — 옮긴이)를 관찰하는 것부터 시작하였다. 우리는 감탄하면서 찻잔(잔이라고 하기에는 안이 움푹 패인 그릇과 더 비슷한)을 돌려 보았다. 정확히 기억이 나지는 않지만, 나는 가마에서 잘못 구워진 것처럼 보이는 18세기의 잔을 받았다. 그것은 깊고 빛나는 검정색 도자기로, 그릇 표면은 살바도르 달리(Salvador Dali)의 그림으로 뒤덮인 것 같았다. 나는 어디에 입을 대고 마셔야 할지 알 수 없었다.

우리는 일본 모더니즘의 최고 권위자로 칭송받는 사람의 집에서 너무나 불완전하고, 찻잔이라고 불릴 만한 특징이라곤 거의 찾아볼 수 없는 이상한 형태(원통형이나 구형, 입방형 중 어느 것과 일치하지 않는)의 그릇을 들고 차를 마시고 있었다. 그 잔은 아주 불완전해 보였고, 요즘 이케아(IKEA) 매장에서 주로 판매되는 식기에서 볼 수 있는 부드럽고 하얀 그 단순함을 전혀 찾아볼 수도 없었다.

하지만 그러한 이유로 다나카 선생의 다른 다구들은 결점 하나 없이 완벽해 보였다. 예를 들어 17세기에 만들어진 옻칠된 차 보관함 뚜껑은 한 치의 오차도 없이 정확한 레고 블록처럼 꼭 맞아떨어졌고, 다도실에 깔린 나무 바닥의 세세한 무늬에서는 더 이상 존재하지 않는 그 나무의 가계와 세월이 느껴졌다. 그 잔은 궁극의 완벽성을 추구하는 일본 미학의 진수

134

를 간접적으로 상징화한다고 생각한다. 그 잔의 예상치 못한 복잡성이 이미 극도로 단순한 다른 모든 것을 훨씬 더 단순하게 만든 것이다.

☑ 박자를 느껴라

타아 타아 티 티 타. 이것은 어떤 외국어가 아니라 초등학교에 다닐 때 음악 선생님에게 배운 리듬감 있는 가락이다. 티 티 티 타 타. 쉬고, 티 타 티 타 티 티 티 티 타. 아직도 이 소리가 선명하게 기억난다. 재즈 드러머가 만들어 낼 수 있는 길고 짧은 음이 반복되다가 끊어지는 소리는 온몸이 저절로 움직여지게 만든다. 반면 '타 타 타 타 타 타 타 타 타'처럼 같은 리듬만 반복적으로 연주된다고 생각해 보자. 타 소리가 단조롭게 끝없이 계속되면 청중들은 지겨워져서 연주가 다 끝날 때까지 버티지 못하고 자리를 떠나 가버릴 것이다.

어느 날 다음과 같은 패턴으로 일련의 사건이 발생한다고 생각해 보자. 복잡함, 복잡함, 복잡함, 복잡함, 복잡함, 복잡함, 복잡함, 복잡함, 복잡함, 단순함. 이렇게 되면 단순함이 마치 구세주처럼 느껴지게 된다.

단순함, 단순함, 단순함, 복잡함, 단순함, 단순함, 복잡함, 복잡함, 단순함, 복잡함, 복잡함, 단순함, 단순함, 복잡함. 이것이 단순함과 복잡합의 리듬 중 가장 중요한 것이다.

단순함, 단순함. 복잡함이 어떤 느낌을 주는지 잊어버렸을 때에는 단순함과 연결시킬 방법이 없다.

그 대신에 이제부터는 공간의 영역에서, 한쪽에는 완

전히 검정색으로 칠해진 커다란 캔버스가 있고, 다른 한쪽에는 잭슨 폴락(Jackson Pollock)의 그림을 형편없이 재해석한 것으로 보이는, 물감이 여기저기 흩뿌려진 또 다른 커다란 캔버스가 있다고 가정해보자. 이 두 그림은 각각 단순함과 복잡함의 고유한 특성을 살려 표현한 것이다. 지루하게 들릴 수도 있겠지만, 이 두 그림 모두 최소한 하루씩은 우리 집 벽에 걸어둘 수 있겠다. 나는 열린 마음을 유지하는 것을 좋아하기 때문이다. 상상력을 조금만 발휘해보면, 나의 관심이 더 연장될 수도 있을 것 같다. 예컨대, 그림의 일부는 아주 사려 깊게 검정색으로 밑바탕을 칠하고 나머지 세부적인 부분에는 복잡한 물감 얼룩으로 칠했다면 말이다. 다양성은 차이점이 주는 리듬을 포착했을 때 우리가 더 많은 관심을 가지게 만드는 경향이 있다.

겨울, 봄, 여름, 가을, 다시 겨울로 반복되는 계절의 변화와 같이, 우리가 그 차이에서 단조로움을 느끼면서도 반기게 되는 리듬도 존재한다.

바사삭, 바사삭, 바사삭. 나는 한밤중에 조용한 동네를 지나며 오직 내가 내는 숨소리와 발자국 소리만 들으며 걷던 것을 회상한다. 겨울에 내리는 눈은 결국 멈추게 될 것이며 봄이 오면 초록빛 자연에 그 자리를 내주게 될 것이라는 사실에 대해 곰곰이 생각해 보았다. 조용한 밤들의 조화로움 속에서 중년의 나이를 향해 나아가고 있는 나의 현실은 '앞으로 이렇게 평화로운 겨울밤을 몇 년이나 더 경험할 수 있을까?'라는 수사적인 질문을 스스로에게 던지게끔 만들었다. 이제는 매해 내 소중한 삶의 리듬을 느끼는 데 더욱 신경을 쓰려고 한다. 나는 내가 경험하는 모든 것에서 아주 선명하게 흘러나오는 단순함과 복잡함의 박자를 듣고 있다. 여러분도 그 소리를 들을 수 있는가?

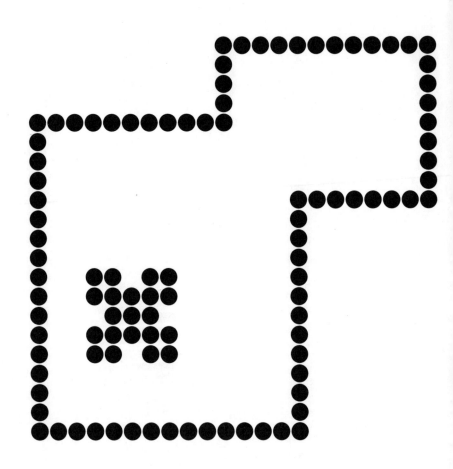

단순함의 주변에 있는 것들은
결코 하찮은 것이 아니다.

어떤 작업에 집중하고 있을 때 우리의 눈과 손은 일제히 조화롭게 기능한다. 도자기 물레 앞에 앉아서 고강도로 집중력을 발휘하여 도자기에 하나씩 세부 무늬를 새겨 넣고 있는 당신의 모습을 떠올려 보라. 바로 눈앞에서, 손끝에서 모든 중요한 일들이 일어나고 있다. 바로 이 순간에 휴대폰이나 초인종이 울리면, 주의는 흐트러지는 반면 배경에 있던 것들은 전경으로 떠오르게 된다. 덕분에 난로 위의 냄비가 끓어 넘친다거나, 손을 베어서 돌보는 사람도 없이 피를 흘리고 있다는 사실을 알 아차릴 수 있기도 하다.

'편중'과 '집중'이란 단어는 본질적으로 같은 것을 의 미하지만, 전자는 부정적인 의미를, 후자는 긍정적인 의미를 내 포하고 있다. 예컨대, 한 가지 종목을 꾸준히 연습하여 올림픽 까지 도달한 운동선수를 보고 '집중'했다고 표현하지, '편중'됐 다고는 말하지 않는 것이다. 하지만 그 집중이 언제나 좋은 것 만은 아니다.

내가 한 때 경력 계발에 모든 신경을 집중하고 있던 시 기에, 스승이었던 니콜라스 네그로폰테(Nicholas Negroponte, MIT 미디어랩의 설립자이자 초대 소장으로, 하이 테크놀로지에 관한 대중 적 담론을 일으킴 — 옮긴이) 교수는 나에게 레이저 광선이 아닌 백 열전구와 같은 사람이 되라고 조언을 해주었다. 그 말의 요지 는 당신이 레이저 광선과 같이 정확히 한 곳을 비출 수도 있고,

백열전구처럼 같은 빛으로 당신 주변의 모든 것을 밝힐 수도 있지만 한 가지에 집중하여 최고를 위해 노력하다 보면, 눈앞의 것에만 집중하고 대체로 나머지 것들은 희생시키게 되는 상황이 수반된다는 것이다. 나는 네그로폰테 선생의 조언을 받아들여 단지 내가 당면한 일뿐만 아니라 나를 둘러싸고 있는 모든 것들의 진정한 의미를 발견하겠다는 더욱 원대한 도전을 하고자 했다.

단순함의 주변에 있는 것들을 결코 하찮게 보면 안 된다. 여섯 번째 법칙은 디자인 프로세스를 진행하는 동안 잃어버릴 수도 있는 중요한 사항을 강조한다. 직접적인 관련성이 드러나는 것이 오히려 주변의 모든 것들과 비교하면 그만큼 중요하지 않을 수도 있다. 우리의 목표는 계몽된 얕음이다. 그럼 먼저 무에 대해서 이야기를 시작해 보자.

☑
아무것도 없는 것이 무언가 있는 것이다

과학에서는 우주의 엔트로피가 언제나 증가하고 있다고 이야기한다. 이 의미를 어떻게 알기 쉽게 전달할 수 있을까? 한 아이가 그림책을 펼치고 그림을 넘겨보다가 아무것도 없는 빈 페이지를 발견한다. 소녀는 크레용을 움켜쥔 주먹 쥔 손으로 그 빈 페이지를 향해 손을 뻗는다. 그 다음에는 어떻게 할 것 같은가? 물론 그 빈 공간을 채운다.

이 책은 내가 직접 디자인하고 저술한 여덟 번째 책이지만, 디자인보다 서체에 더 신경을 많이 쓴 첫 번째 책이다. 그간의 모든 디자인은 여백, 즉 본문을 둘러싼 모든 빈 공간들을 극대화하는 데 집중했다. 그와 같은 공간들은 부엌의 조리대가 동전, 우편물, 편지 등과 같은 잡동사니로 어지럽혀지듯 점점 무질서해지게 마련이다. 우리는 본문을 둘러싼 빈 공간과 행간에도 끊임없이 뭔가를 써 넣으려고 하기 때문이다.

고작 "이 페이지에는 아무 것도 적지 마시오."라는 문구만 적혀 있는 장이 있다고 가정해 보자. 무언가를 써 넣고 싶은 충동을 참아낼 수 있나? 다음 페이지로 넘겨서 직접 시험해 보라.

전후 설명 없는 단어 몇 개로 이루어진 짧은 문장의 명령에 따라야 한다는 것은 당신의 자존심에 있어서 다소 도전적일 수도 있다. 아마도 자연스러운 의향은 '왜 안 된다는 거야?'라고 묻게 되는 것일 테다. 주어진 설명이 아무 것도 없다면 낙서를 하거나 나름대로 결론을 내려 그 빈 공간을 채우고 싶어 하는 자신의 모습을 발견하게 되리라 생각한다. 그건 아마도 저자의 종교 때문은 아닐까? 아니면 잉크의 세계적 공급량을 보존하기 위한 급진적 방편일까? 때때로 우리는 목표에서 벗어날 수도 있지만, 이 여섯 번째 법칙인 '맥락'에 따르면, 이런 생각이 진정 핵심을 찌르고 있음을 의미한다고 할 수 있다.

이 페이지에는 아무 것도 적지 마시오.

일본에서 한 성지(聖地)를 방문했을 때 나는 하얀색 종이로 정성스럽게 장식된 밧줄이 커다란 직사각형 모양을 형성하며 둘러쳐져 있는 모습에 주목했다. 그 직사각형의 안쪽은 텅 비어 있었고 사당의 바로 근처에 위치해 있는 탓인지 조심스럽고 고귀한 분위기가 퍼져 있었다. 여기를 신성한 매장지라고 할 수 있을까? 나는 한참 동안 서서 그 공백의 의미를 곰곰이 생각했고, 인근에 있던 젠 스타일의 바위 정원에서 경험했던 것과 마찬가지로 고요한 무아지경의 상태에 빠져들었다.

그때 한 승려가 그 신비로운 직사각형 지대에 접근하더니 자동차 한 대를 향해 사당이 있는 쪽으로 들어오라고 손을 흔들었다. 밧줄이 걷히고, 자동차는 그 공간으로 미끄러져 들어갔고, 사고와 부상을 물리치는 연례 축복 의식을 받았다. 그 광경은 우리가 선종 승려가 아니더라도 누구나 빈 공간을 감사히 여긴다는 것을 깨우쳐 주었다. 특히 맨해튼의 복잡한 거리에 차를 주차하려는 사람이라면 누구라도 그럴 것이다.

　　기술자들은 빈 공간이나 여분의 방이 주어지면 그 넓게 트인 곳을 채워 넣을 무언가를 발명하려 들 것이다. 마찬가지로, 사업가들은 잠재적으로 잃어버릴지도 모르는 기회를 놓치지 않으려고 할 것이다.

　　반면, 디자이너들은 무에서 유가 창출된다는 관점 때문에 여백을 보존하고자 최선을 다할 것 같다. 여백의 크기를 늘림으로써 잃어버린 기회는 남아있는 것들에 더 많은 관심을 가질 수 있게 하는 것으로 되찾을 수 있다. 흰 공간이 많아진다는 것은 그만큼 제공되는 정보의 양이 적어짐을 의미한다. 결국 대상이 적어짐에 비례하여 관심의 집중도가 높아지게 되는 것이다. 존재하는 것이 적어질 때 우리는 모든 것을 훨씬 더 감사히 여기게 되는 법이다.

☑️
주변 어디에나 효과음이 있다

책에서 잠시 눈을 떼고 주위를 훑어보아라. 무엇이 보이는가? 나는 조그만 노트북으로 이 단락을 치다가 눈을 들어 둘러보니, 좁은 공간에 앉아있는 지친 모습의 다른 승객들이 보였다. 엔진 소리가 너무 시끄러워서 잡음 이외에는 어떤 소리도 듣는 것이 힘들다. 그리고 의자는 너무 높아서 내가 앞에 앉은 승객의 대머리 말고는 더 볼 수 없게 해버린다. 비행기를 타고 하는 경험은 거의 모든 감각을 차단당한 것 같은 불편한 고립감을 준다. 느낄 만한 중요한 것들이 거의 없는 장소라서 모든 가벼운 느낌이 짜증날 정도로 증폭되는 것처럼 보인다.

그래서 나는 산업용 귀마개를 사용하여 주위의 소음을 차단해보려고 시도한다. 그러나 고요함은 찾아오지 않고, 이번에는 서서히 내 폐에서 나는 숨소리가 들리기 시작한다. 그리고 머리 위에서 떨어지는 불빛을 차단하려고 마스크를 쓰지만 얼굴이 천에 쓸려서 마스크를 쓰고 있는 현실과 이것의 의도적인 목적이 계속 상기된다. 그러한 환경에서 사소한 것들은 그것에 신경을 써야만 하도록 강요되었을 때 더 문제가 된다. 따라서 우리는 관심을 가질 만한 것이 아무 것도 없을 때 주변적인 것들에 더 집착하게 되는 배경이나 "주변" 환경이 되는 것이다.

단순히 휴식을 취하기 위한 목적으로 열대지방에 여행을 갔을 때 도착지의 주변 환경을 받아들인다면 당신은 틀림없이 진정한 휴식을 경험할 수 있을 것이다. 깨끗한 공기, 여기저기서 보이는 웃음들, 그리고 맛있는 음식 등 여러 가지 소소한 경험들의 집합은 여행을 특별하게 해준다. 호텔산업 혹은 기타 경험 기반의 비즈니스에 종사하는 사람들은, 보통 개개인의 입장에서는 간과할 수 있지만 축적되어 진정한 관련성을 이루는 사소한 일들에도 신경을 써야 한다.

언젠가 나는 파리에 가서 하얀 벽면과 바닥, 그리고 하얀 가구로 장식된 조용한 아파트에 거주하는 한 디자이너 친구를 만났다. 그리고 아름답게 차려진 스시를 점심으로 대접받았다. 내 머릿속에 들어오는 전체적인 광경을 보니 붉은색 참치, 분홍색 연어, 하얀색 오징어, 은색 고등어, 그리고 초록색 나뭇잎이 새겨진 은색 식기가 강렬하게 시각을 사로잡았다. 젓가락을 집어 들었을 때 그 친구는 "우리가 앉아 있는 이 방의 분위기가 이 음식의 맛에 영향을 미쳐." 하고 말했다. 사실이었다. 스시가 담긴 접시를 포함하여 내 주변의 모든 것들이 새하얀색이라서 하얀 밥 위에 놓인 얇은 생선 조각들이 허공에 떠 있는 것처럼 보였다. 식기와 식탁, 전체적인 장식, 심지어 다른 사람들마저도 아주 상이한 환경에서 식사를 하였으면 음식 맛까지도 다르게 느꼈을 것 같다. 분위기는 어떤 훌륭한 식사나 기억에 남을 만한 상호작용에 맛을 더하는 소문난 '비밀 양념'이라 할 수 있다.

하얀 공간을 만들거나, 혹은 그곳을 '깨끗한 공간'으로 바꾸면 배경으로부터 전경을 강조할 수 있다. 하지만 일상생활에서는 워드프로세서에서 '삭제' 키를 누르듯이 모든 것을 간단히 삭제해버리기는 어려운 것이 현실이다. 어떻게 보면 책상이 지저분해지는 것 자체가 우리가 경험하는 모든 활동이 '맛'의 일부일 수도 있다. 물론 때로는 가까이에 있는 아이의 활기찬 웃음이 눈앞에 벌어진 복잡한 상황을 무시할 수 있도록 해주기도 한다. 주변의 것들에 관심을 기울이는 것이 눈앞의 문제를 다루는 데 도움을 주기도 하며, 주변 상황의 도움을 얻기 위해서는 필요 없어 보이는 하찮은 것에까지 관심을 가져야 할 수도 있다.

☑
편안하게 길 잃기

2005년 구글은 사용자가 주소를 입력하면 그 지역 근방 상공

의 위성사진을 찾아주는 서비스를 실시했다. 이 서비스를 이용
하는 사용자는 즉시 '거기에 내가 있군!'하고 자신의 위치를 찾
아본 뒤에는 '다른 것들도 모두 거기 있겠네!'라고 생각한다.
사용자 주변의 모든 집과 도로를 볼 수 있기 때문이다. 실제로
집에 앉아 자기 위치를 확인할 필요가 있는 일은 그리 많지 않
지만, 많은 사람이 지도 위에서 자기 위치를 확인한 뒤에는 편
안함을 느낀다. 하지만 자신의 위치를 확인한 뒤에는 곧 그 웹
페이지에 대한 관심을 꺼버리게 된다. 편안한 감정이 이내 지
루함으로 바뀌기 때문이다.

　　책을 읽기 시작하는 것은 쉽지만 중간쯤 어딘가에서 당
신이 어디까지 읽었는지를 명확히 확인하는 건 쉽지 않을 것이
다. 만약 ×표로 위치를 알려 주는 단순한 진행 바가 있다면 정
확히 어디까지 왔는지, 그리고 앞으로 얼마나 더 가야 하는지
알 수 있을 것이다. 이런 장치가 전자책에 필요한 것이다. 그러
나 이 책처럼 인쇄된 책을 읽을 때는 그렇지 않다. 간단하게 양

손으로 책의 오른쪽과 왼쪽의 남은 부분을 쥐어 비교해 보면 책을 어디까지 읽었는지 쉽게 알 수 있다. 쪽수와 각 장의 표제, 그 밖에 정보의 층계를 보여주는 전통적 내비게이션의 다양한 요소들은 독자들이 방향을 잃지 않도록 도와준다. 예컨대, 이 책의 각 페이지 위에 찍힌 챕터별 표제는 흥미를 주는 요소는 될 수 있을지 몰라도, 지나치게 조잡하다고 느껴질 수도 있지 않은가.

모르는 곳에서 완전히 길을 잃는 상황과 낯익은 곳에서 완벽히 위치를 알고 있는 상황 사이에서 균형을 유지할 필요가 있다. 지나치게 익숙하면 완벽히 이해할 수 있다는 장점이 있는 반면 지루하다는 단점도 있다. 그리고 너무 낯설기만 하면 불안한 느낌이 들 수 있으나, 흥미롭다는 장점도 생긴다. 따라서 위치를 파악하는 상황과 방향을 잃는 상황을 적절히 조화롭게 만들어야 한다.

어느 정도까지 위치를 파악해야 .... **방향을 잃은 상황을**
견딜 만한가? **어느 정도까지 버틸 수 있을까?**

당신이 느끼는 젊음, 건강 상태, 그리고 모험심 등이 안전과 흥분 중 어느 것을 선호하는지에 영향을 미치면, '불편하지 않을 만큼 길을 잃을 수 있는' 올바른 균형점을 찾을 수 있다.

최근 나는 휴일에 메인(Maine)에서 하이킹을 했을 때, 개인적으로 '불편하지 않을 정도로 길을 잃은' 상황을 경험했다. 그때 나는 직사각형 모양에 밝은 파란색 페인트로 표시된 표식을 따라 나 있는 길을 걷고 있었다. 그 표식들의 상태가 모두 좋아서 상당히 좋은 길잡이 역할을 해주었지만, 가끔씩 '다음에는 어디로 가야 하는 거지?'라고 생각하며 멈춰 서서 고민해 보아야 할 때가 있었다. 그리고 그럴 때마다 보이지 않던 파란색 표식이 전경에서 마법처럼 "튀어나와" 계속 걸음을 옮길 수 있게 되었다. 나는 참을성이 회복되면서 천천히 다시 걸으면서 감성적 만족감에 빠졌고, 안락함을 느끼며 끝없이 이어진 아름다운 숲의 풍광을 감상할 수 있었다.

내가 하이킹을 하면서 봤던 그 숲에 파란색 표식이 10배 정도 더 많았다면 길을 잃을 확률이 훨씬 줄었을 것이 분명하다. 어떤 사람은 그와 같은 표식을 선으로 된 아리송한 모양이 아니라 진짜 화살표처럼 좀 더 상징적인 형태로 구성해야 한다고 상상할지도 모르겠다. 아니면 모호함이 전혀 없이 뚜렷하게 만들기 위해 100포인트 정도 크기의 헬베티카(Helvetica, 영어권에서 가장 인기 있는 산세리프체 글꼴—옮긴이) 폰트로 바위 위에 '여기로'라고 적어 두는 편이 더 낫지 않겠는가? 하지만 이와 같은 표식이 지나치게 늘어나게 되면, 어느 순간 사람의 발길이 닿지 않는 숲의 가치는 걷잡을 수 없이 떨어져 버리게 될 것이다.

전경과 배경을 연결해주는 경험은 지도에서 보이듯 뚜렷하게 드러날 수도 있고, 파랗게 칠해져 있는 숲 속의 표식처럼 다소 미묘하게 나타날 수도 있다. 빈 공간이 차지하는 영역을 넓힐수록 이런 고리는 필요 없게 된다. 길을 잃을 염려가 없기 때문이다.

복잡함은 길을 잃은 것과 같은 느낌을 암시하며, 단순함은 길을 제대로 찾는 느낌을 암시한다고 할 수 있다. 다섯 번째 법칙인 '차이'에서는 단순함과 복잡함을 넘나드는 느낌의 리듬에서 찾을 수 있는 중요한 고려사항에 대해 이야기했다. 우리는 이 여섯 번째 법칙에서 단순함과 복잡함의 울림 사이에서 어떤 일이 일어나는지에 대해 알아보았다. 일단 한 번 위치를 파악하고 나면, 그 다음부터는 그 리듬에 맞추어 마음껏 길을 잃어도 괜찮을 것이다.

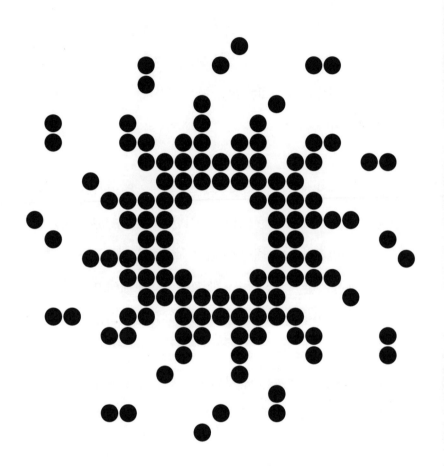

감성은 풍부한 것이
적은 것보다 낫다.

때때로 단순함은 볼품없는 개념으로 여겨질 수도 있다. 내 어머니는 무채색 계열이나 미니멀리스트들이 좋아하는 형태를 극단적으로 혐오한다. 어머니는 화려한 네온으로 된 꽃과 보석으로 장식된 개구리, 그리고 그밖에 다른 장식물들을 원하신다. 미학적으로만 보자면 그저 '화려함'을 떠올리기 때문이다.

합리적인 관점에서 보면, 단순한 것이 경제적으로 좋다

는 사실은 분명하다. 단순한 제품이 더 제작하기 쉽고, 제작비
용도 더 적게 든다. 그리고 비용이 절감되는 데서 오는 이득은
직접적으로, 바람직한 가격으로 소비자에게 돌아갈 수 있다. 아
주 합리적인 가격에 구매할 수 있는, 단순한 디자인 라인의 제
품으로 유명한 가구 유통업체 이케아의 사례가 증명해주듯, 단
순함은 검소한 구매자들에게 혜택을 주는 것이다. 하지만 내
어머니와 같은 사람들은 그 단순함이 단지 가격만 낮은 것이
아니라, 디자인마저도 싸구려처럼 보이게 만들어 버린다고 말
한다. 모든 사람들은 제각각 표현하려 하는 개성이 있고, 우리
가 내리는 많은 결정들이 오직 논리에 의해서 움직여지는 것은
아니다.

일곱 번째 법칙 '감성'은 모든 사람들에게 적용되지는
않는다. 극단적인 모더니스트들은 하얀색이나 검정색이 아닌
제품, 혹은 투명하거나 거울처럼 비치는 표면을 가지지 않은
제품들을 언제나 거부한다.

반대로, 나의 어머니는 아이팟이 전혀 매력적이라고 여기지 않는다. 그리고 애플도 그렇게 나이가 많은 세대를 표적 시장으로 하여 제품을 출시한 것은 아니지만(적어도 지금은 그렇다), 효성이 지극한(!) 나는 단순함을 만들어 내는 필수적 요소들로 구성된 도구상자에 이 일곱 번째 법칙을 추가해야 한다고 생각한다. 감성은 풍부한 것이 그렇지 않은 것보다 훨씬 낫다. 감성을 만족시키기 위한 것이라면 장식이나 부가적인 의미를 덧붙이는 데 망설이지 말라.

이 법칙은 첫 번째 법칙 '축소'에 어긋나는 것처럼 보인다. 하지만 나는 특정한 원칙을 적용해서 꼭 필요한 정도의 '느끼고, 공감하기'만을 추가한다. 모든 것은 감성에 충실한 데서 시작한다. 지금 이 순간에 어떻게 느끼는지 내면의 소리에 귀를 기울여 보라. 그 다음에 감성 지능을 활용하면 주변의 사물들에도 감정을 이입하고 공감하는 것이 가능해진다. 기존의 '기능에 의해 형태가 정해지는' 방식이 아니라 '형태에 의해 감성이 움직이는' 새로운 개념의 디자인 방식을 적용해 보도록 하자. 이 장에서는 감성, 그리고 때로는 필요하기도 한 복잡성의 추구(단순함에서 멀어져서)에 대해 이야기해 보도록 한다.

☑ 느끼고, 공감하라: E 에티켓

나는 1984년 MIT에 신입생으로 입학했던 때부터 이메일을 사용하기 시작했다. 일부 학교 동료들은 지금의 AOL과 같은 온라인 서비스 회사들의 전신이라고 할 수 있는 컴퓨서브 (CompuServe, 90년대 초 미국 최초의 온라인 정보 제공 PC 통신 서비스였음 — 옮긴이)를 경험해 보았지만 당시 나에게는 네트워크라는 개념이 꽤 낯설게 느껴졌다. 얼마 후 나는 모든 사람들이 모두 컴퓨터 네트워크에 접속하기 위해서 '모뎀(Modem)'이라는 특이한 장치를 사용한다는 사실을 깨달았다. 그래서 나도 그것을 구입했으며, 빠르게 인터넷의 노예가 되어 버렸다. 이메일을 확인하는 일은 그저 단순한 습관이 아니라 숨을 쉬는 것과 같이 필수적인 일이 되었다. 지금도 나는 여전히 그처럼 불건전한 집착에 사로잡혀 있다. 그런 식으로 숨을 들이쉬고 나면 남은 하루를 잘 보낼 수 있다는 사실을 상기시켜 준다. ;-)

앞 단락 마지막에 나온 얼굴 기호 이모티콘(smiley, 스마일리)을 옆으로 약간 머리를 기울여서 보면 시각적 감성을 가볍게 표현하고자 한 감정을 느낄 수 있다. 이모티콘은 현재 카네기 멜론 대학교(Carnegie Mellon University)에 재직 중인 스코트 펠만(Scott Fahlman)이 1982년 처음 사용한 것이 그 기원이라고 한다. 구텐베르크(Gutenberg, 근대 출판을 위한 활판 인쇄술의 발명자 — 옮긴이) 시대까지 거슬러 올라가는 조판의 오랜 역사에서 이와 같은 이모티콘의 발명이 더 빨리 이루어지지 않았다는 사실이 이상할 뿐이다. 손으로 글을 쓸 때는 얼굴 기호를 사용하지 않았다. 하지만 타이프라이터로 쳐서 글을 작성하는 시대가 다가오자 사람들은 문자를 재미있게 조합해서 :-), 8^), ;-0, I-D

등 비롯한 우스꽝스러운 얼굴 모양을 다양하게 만들어 냈다.

왜 이와 같은 이모티콘들이 진화하게 되었을까? 왜 문자 위주의 매체에서 이모티콘과 같은 장식적인 요소가 번성하는 걸까? 그 이유는 말로 대화할 때 자연스럽게 묻어 나오는 미묘한 감성을 더 잘 표현하고 싶은 인간의 욕구 때문이다. 다시 말해, 말로 대화를 할 때 의사소통에서 자연스럽게 발생하는 미묘한 차이를 표현하고 싶어서다. 보이지 않는 상대와 글이나 대화를 주고받다 보면 일반적인 사회적 관습에서 벗어나기 쉽다. 이모티콘은 말하는 이가 얼굴 표정 없이는 '그냥 농담'이라는 것을 알릴 수 없던 문자 대화를 순조롭고 부드럽게 이끌어 나가는 방식으로 진화했다. 이제는 사진을 전송하는 것도 가능하지만 문자 대화는 여전히 대세를 이루고 있다.

내 딸은 아주 다양한 크기와 색상의 문자로 이메일을 써서 보낸다. 심지어 어떤 때에는 모든 글자를 '대문자(ALL CAPS)'

로 쳐서 보내기도 한다! 물론 그렇게 하면 이메일을 작성하는 일이 불필요할 정도로 복잡해진다. 그뿐만 아니라 그런 이메일은 내 눈까지 피곤하게 한다! 하지만 젊음과 열정이 단순한 텍스트로만 작성한 이메일로는 담아낼 수 없다는 사실을 잘 알기 때문에, 그처럼 어린 시절의 정성을 표현한 메일을 진심으로 받아들인다. 소문자로 쓴 '사랑합니다!(I love you!)'라는 글자보다는 대문자로 쓴 '사랑합니다!(I LOVE YOU!)'란 글자에 더욱 깊은 의미가 내포되어 있는 것 같지 않은가? 그 글자 크기를 36포인트로 키우고 글자의 색은 분홍색과 밝은 노란색으로 꾸몄다고 생각해 보면 그 의미가 아주 분명하게 전달될 것이다.

많은 사람들이 아이에서 어른으로 성장하는 과정은 감정 표출을 자제하는 법에 대해 익혀가는 점진적 과정이라고 말한다. 나는 매일 인재를 키우고, 젊은이들의 경력을 계발해 주는 특권을 누리면서, 사람들이 매일같이 감정을 드러내는 소리를 죽이는 모습을 지켜보았다. 한번은 MIT에서 지도하던 제자에게 다른 사람들과 대화를 할 때 미소를 짓지 않는 이유를 물어보았다. 그러자 그 학생은 이렇게 대답했다. "비전문가처럼 보이고 싶지 않아서요."

이 사건은 내가 교수로서 전문성을 과시하고자 시도하고, 또 자연스럽게 전형적으로 엄격하고 권위적인 태도를 취해 왔던 것은 아닌지 숙고하게 해주었다. 예술가로서, 나는 그러한 자기 분석의 결과가 참을 수 없이 불쾌하다는 것을 깨닫게 되었다. 그래서 나는 아무도 보지 않을 때에는 화려한 색깔을 입히고 모든 글자를 대문자로 써서 '아빠도 너를 사랑해!!! (I LOVE YOU TOO!!!)'라고 딸에게 답장을 보낸다.

☑️

느끼고, 공감하라: 누드 전자공학

내가 MIT에서 처음으로 블로그를 시작했을 때 "누드 전자공

Law 7 / 감성

학"이라는 제목을 붙인 글이 가장 조횟수가 많다는 것을 발견했다. 뭔가 스릴 넘치는 내용을 기대했던 괴짜 학생들이 완전히 옷을 갖춰 입은 지루한 내용을 보고 무척 실망했을 모습을 떠올릴 수 있다.

나는 단순함을 추구하는 시장의 요구를 충족시키기 위해 휴대용 소비자 전자제품을 매끈하고, 이음새 없이 작게 만드는 경향을 '누드 전자공학'이라고 불렀다. 디자이너들은 SHE와 같은 법칙을 활용하여 철저하게 단순한 제품을 만들어 낼 수 있다. 하지만 날씬하고 작은 제품이 SHE라는 법칙 때문에 털이 깎인 양처럼 다소 멋지지 않게 느껴진다고 하는 사람들도 존재할 것이다.

아이팟을 장식하고 보호하기 위한 다양한 액세서리 시장이 호황을 누리고 있는 것을 보면 그 이유를 알 수 있다. 하지만 한 가지 의문이 제기된다. 사용자들은 단순함에 끌려서 그

167

기기를 선택했으면서, 왜 액세서리를 다는 데 급급해 하는 걸까? 공항에서 비행기를 기다리는 동안 전자기기 상점을 둘러보고 있으면 어린 내 딸이 바비 인형 옷을 고를 때처럼 열정적으로 금속이나 플라스틱, 가죽, 혹은 천으로 만들어진 트레오(Treo, PDA와 휴대전화를 하나로 결합한 제품으로 미국 스마트폰 제조업체 팜에서 출시했던 브랜드 — 옮긴이) 케이스를 고르고 있는 비즈니스맨들이 왜 그렇게 많이 보이는 걸까?

단순한 제품에 케이스를 씌우면 두 가지의 중요한 목적을 달성할 수 있다. 먼저, SHE 방법에 따라서 제품을 더 작게 만들 수 있다면 훨씬 크고 복잡한 기계를 접하면서 자연스럽게 일어나는 두려움을 경감시킬 수 있다. 하지만 SHE 방법을 성공적으로 제품에 적용하면 또 다른 두려움이 생긴다. 그 제품의 내구성에 관한 것이다. 일례로 내 제자 중 한 명은 재수 없게 부딪쳐서 부서질까봐 두려운 까닭에 극도로 슬림한 디자인의 아이팟 나노(iPod Nano)를 가지고 다니는 것을 꺼린다. 이때 아이팟 케이스가 있으면 가엾게도 영양실조에 걸려 야윈 듯한 그 장치를 안전하게 보호할 수 있을 것이다.

액세서리를 다는 두 번째 이유는 자신의 개성을 표현하고, 또 극단적으로 냉정해 보이기까지 하는 전자제품의 차가움에 인간다운 따뜻함을 더하기 위해서라고 할 수 있다. 제품의 본질은 순수하고 단순한 특유의 누드 상태를 유지하는 반면 덮개를 씌우면 그 제품에 온기와 생기를 불어넣고, 원한다면 독특한 이미지를 심어 줄 수도 있다. 소비자들은 단순한 제품과 스스로 선택한 액세서리를 결합함으로써 자기 자신의 혹은 제품에 대해 가지고 있는 감정을 표현해 낼 수 있다.

☑

느끼고, 공감하라: 애착

자라면서 나와 내 형제들은 움직일 수 없는 대상들을 포함한 우리 주변의 모든 사물에는 존중받을 가치가 있는 영혼이 살고 있다고 배웠다. "컵에도 있나요?", "책상에도요?", "껌 종이에 도요?", "우리가 사는 집에도요?"라고 질문을 했는데 그 대답 은 언제나 "그렇지."라는 것이었다.

이와 같은 사상을 삶의 철칙으로 여기며 살았기 때문 에, 깨끗한 종이 한 장을 구겨서 버리는 것도 우리 집에서는 처 벌의 이유가 되었다. 유용한 과업을 수행해낼 수 있는 종이를 무시하고, 경시한 대가로 처벌을 받아야 했던 것이다. 우리 가 족들의 신념 체계는 고대 일본의 전통적 정령 숭배 신앙인 신 토의 존재에 따랐던 것이다.

바위, 강, 산, 그리고 구름과 같이 주위에 있는 모든 사 물은 '살아 있다'는 말이 어린 나에게는 이해할 수 없었던 것이 었다. 하지만 내가 어른이 된 지금은 오히려 범접할 수 없는 신 비로움이 있는 세상을 더 선호하며, 그러한 사상이 편안하게 느껴질 수도 있게 되었다. 칭송받는 일본 애니메이터 미야자키 하야오의 작품 세계에서 알 수 있듯 많은 일본 애니메이션들을 보면 모든 사물에는 살아 있는 혼이 깃들어 있다는 우리의 믿음은 여전히 살아 숨 쉬고 있음을 알 수 있다.

걷고, 말하고, 또 춤까지 추는 로봇의 등장과 함께, 기술은 말 그대로 생명을 가진 사물이 존재한다는 환상이 실현될 수 있도록 도와 왔다. 소니에서 개발한 로봇 강아지 아이보(AIBO)는 플라스틱, 모터, 그리고 최첨단 컴퓨터로 이루어져 있다. 아이보는 분명 살아 있는 개는 아니지만, 이것을 소유한 일부 사람들은 살아 있지 않은 대량 생산 제품에 대해 진짜 사랑이라도 표현하려는 것처럼 아이보를 가볍게 쓰다듬어 주기도 하고 달콤한 말을 속삭이는 등 마치 실제 애완동물을 대하듯 다룬다.

1990년대 후반을 강타했던 타마고치(Tamagocchi, 일본

반다이사가 1996년 출시한 휴대용 게임기로, 가상의 동물을 기르는 경험을 제공했음 — 옮긴이) 열풍 역시 누구나 인간의 사랑을 갈구하는 작은 전자 열쇠고리와 사랑에 빠질 수 있음을 보여주었다. 가상의 존재를 사랑하는 열풍은 계속 거세져서 오늘날 네오펫(Neopet, 유전자를 조작해 만든 반려동물)의 등장으로 이어졌고, 수백만 개의 만화 캐릭터가 탄생하고 성장하며 사랑받기에 이르렀다. 서양의 종교적 믿음에 정면으로 대치되는데도, 기술력으로 무장한 젊은이들 사이에서는 일종의 디지털 정령 숭배 신앙을 받아들이며 더욱 적극적으로 키워 나가는 데 별다른 거부감을 느끼지 않는 듯하다. 스크린 상의 괴물이나 작은 전자박스에 들어 있는 디지털 아기를 사랑할 수 있다면 평범한 종이 한 장도 사랑하고 존중하는 것도 큰 무리가 없지 않겠는가?

모더니즘은 우리 주변의 많은 제품들이 깔끔하고 산업적인 외양을 가질 수 있도록 주도했던 디자인 운동이다. 이 운동은 제품의 원재료를 그대로 노출시키는 등의 방법을 통해 그 본질이 드러나게 하는 데 중점을 두었으며, 불필요한 장식을 거부했다. 일본에서 나무와 진흙으로 거의 완벽한 공예품을 제작해 내는 기술은 이러한 모더니즘의 디자인 원리와 동일한 측면에서 그 전통이 세워진 것으로 보인다.

그러나 일본의 디자인에서 숨어 있는 측면이 있다면 그것은 정령 숭배 신앙에 있다. 빈틈없이 완벽하게 옻칠을 한 도시락 상자는 단순히 훌륭한 제품이라는 사실 그 이상의 의미가 있다. 그 표면은 본질적으로 살아 있는 존재와 같다. 움직일 수는 없더라도, 그 상자에 영적인 존재가 깃들어 있기 때문이다. 오직 그것을 느낄 수 있는 사람만이 깊이 숨겨진 일종의 장식품이라 할 수 있는 그 제품의 생명에 애착을 느낄 수 있다.

愛　着
애(사랑)　착(적합)

173

애착은 사람이 어떤 공산품에 대해 느끼는 애정을 뜻하는 일본 단어이다. 이 두 글자를 한자로 쓰면 첫 번째 글자는 '사랑'을, 두 번째 글자는 '적합함'을 의미한다. '사랑−적합'은 인간이 사물에게 느끼는 깊은 감성적 애정을 묘사해준다. 단지 사물의 기능이 좋아서가 아니라, 애정을 받을 만한 제품의 존재 그 자체를 사랑하는 공생적 사랑의 일종임을 의미한다. 우리의 주변 환경에서 애착의 존재를 인정하게 되면, 사용자들이 평생 동안 아끼고, 돌보고 또 소유하고 싶어 하는 제품을 디자인하기 위한 열망을 가질 수 있을 것이다.

더하기의 예술

2005년 11월, 파리의 카르티에 재단(Foundation Cartier)에서 내 디지털 아트 전시회가 개최되었다. 같은 시기에 호주 출신 예술가인 론 뮤익(Ron Mueck)의 작품 전시회도 열리고 있었다.

1 / 4

놀라울 정도로 실물과 흡사한 대규모의 조각 작품으로 유명한 론 뮤익은 상냥하면서도 열정적인 사람이다. 그의 작품에는 개개인의 머리카락, 반짝거리는 눈동자, 그리고 정맥이 표현된 피부의 세밀한 부분까지도 완벽히 묘사되어 있다.

뮤익의 작품 중 하나를 본 사람은 그 완벽함 때문에 "이거 진짜야?"라고 스스로에게 질문을 던지게 된다. 그리고 곧 머릿속으로는 그 조각에서와 같은 거인은 실제로 존재할 수 없다고 여기면서도, 어느새 생명체의 온기를 느끼고 싶어서 손을 뻗어 만져보게 된다.

훌륭한 예술품은 보는 이로 하여금 끝없는 의문이 샘솟게 만든다. 어쩌면 이것이 바로 순수 예술과 순수 디자인 사이의 근본적인 차이점일지도 모른다. 위대한 예술품을 보면 끝없는 궁금증이 생기는 반면, 위대한 디자인은 모든 것을 명료하게 해주니까.

때때로 명료성만으로는 가장 훌륭한 디자인 해결책이 나올 수가 없다. 나는 파리의 전시회 오프닝 행사에서 밀라노에서 온 한 친구로부터 암 진단을 받은 한 사교계 여성 명사의 이야기를 들었다. 그녀가 그 충격적인 소식을 듣고 놀라 몸조차 제대로 가누지 못하고 있을 때, 그녀의 담당 의사는 약속 시간이 10분으로 제한되어 있다고 말했다고 한다.

심지어 그녀가 매우 허약한 상태였음에도 불구하고, 그 의사가 자신의 차례를 기다리고 있는 다른 환자에게도 비슷한 메시지를 전할 수 있도록 그 자리를 떠야만 했다. 여기서 그 의사는 극도로 효율적으로 의사를 전달했겠지만 그의 커뮤니케이션 방식은 어떤 공감이 결여되었던 것으로 모호한 감정의 차원까지는 생각하지 못했던 것이다. 그 차원이 바로 예술적 측면이다.

얼마 후, 이 용감한 여성은 효율적으로 메시지와 감성

간의 간격을 이어줄 수 있는 해결책을 떠올렸다. 그리고 이를 실천하기 위해 앞으로 살아갈 날이 다섯 달 밖에 남지 않은 상태였지만, 암 병동 근처에 예술적으로 강렬하고 아름답게 디자인된 센터를 건설하기 위한 재단 사업을 시작했다. 처음으로 죽음을 마주한 사람들이 깊은 생각에 잠길 수 있는 공간이었다. 살아야 할 이유를 표현한 예술과 메시지의 명료성을 담고 있는 디자인이었다.

명료성을 성취하는 것은 어렵지 않다. 위에서 이야기한 이탈리아 여성의 종양전문의도 명확한 메시지를 전달하는 것은 쉽게 통달했다. 하지만 진정 어려운 일은 편안함을 성취하는 것이다.

이제 감성 지능은 오늘날의 리더들이 갖추어야 할 중요한 역량으로 간주되고 있다. 감정을 표출하는 것은 더 이상 약점으로 취급되지 않으며, 누구나 즉시 관계를 맺을 수 있는 바람직한 인간적 특성이 되었다. 우리 사회와 시스템, 그리고 제품도 관심, 애정, 그리고 감정을 필요로 한다. 물론 이런 감성적 측면이 갖는 비즈니스적 가치는 곧바로 분명히 드러나는 것은 아닐 수도 있다. 하지만 의미 있는 삶을 살면서 얻게 되는 만족감은 감정순이익률(ROE, Return on Emotion)을 높일 수가 있다. 관심, 더 큰 사랑, 그리고 더 의미 있는 활동 등 특정 대상에 있어서는 적은 것보다 많은 것이 좋은 편이다. 이에 관해서는 정말 더 이상 이야기할 필요가 없겠다.

우리가 신뢰하는
단순함의 이름으로.

오직 아무런 표시가 없는 버튼 하나만 덩그러니 표면에 있는 전자기기를 상상해 보라. 그 버튼만 누르면 당신이 당장 해야 하는 과업을 곧바로 완료할 수 있다. 마벨 고모에게 편지를 쓰기를 원하는가? 그렇다면 바로 그 버튼만 누르면 될 것이다. 클릭 소리와 함께 편지가 전송되리라. 또 그 편지는 분명 당신이 표현하고 싶은 내용들을 정확히 담고 있으며, 확실히 배달되었다는 것을 알게 될 것이다. 이것이 단순함이다. 그리고 이런 세상이 다가올 현실이 그리 멀지 않았다.

컴퓨터는 매일 급격히 더 스마트화가 되어가고 있다. 컴퓨터는 사용자의 이름, 주소, 그리고 신용카드 번호 정도는 이미 알고 있다. 마벨 고모가 어디에 사는지, 그리고 당신이 일전에 마벨 고모에게 어떤 편지를 보냈는지도 안다. 그래서 컴퓨터는 친절하게도 당신이 마벨 고모에게 보냈던 것과 꽤 비슷한 편지를 보낼 수도 있다. 단지 버튼 하나만 누르면 이 모든 행위가 완료될 수 있는 것이다. 편지의 메시지가 얼마나 일관성이 있는지, 그리고 당신이 마벨 고모의 크리스마스 파티의 초대자 명단에 들어가 있는지 그 여부는 별개의 이야기이다. 하지만 생각해야 할 필요도 없이 간단히 과업을 처리했으니 그만 한 대가는 치러야 겠지. 우리가 신뢰하는 단순함의 이름으로.

야후나 MSN에 이메일 계정을 가지고 있다는 것은 당신이 전 세계 어디에서나 쉽게 이메일을 사용할 수 있음을 의미한다. 또 다른 이점은 이메일 서비스가 연락처 리스트나 당신이 아주 자주 보내는 메시지의 종류 등을 기반으로 하여 자체적으로 사용자 맞춤형이 될 수 있다는 것이다. 예를 들어 마벨 고모의 생일 바로 전날에 축하 메시지를 보낼 수 있는 "마벨 고모에게 전송하기"와 같은 버튼이 자동으로 생성될 수 있다. 하지만 인터넷 세상에서는 이렇게 모든 세부적 행동들이 사용자의 직접적인 통제 밖에 있는 회사는 물론, 잠재적으로는 정부에도 노출될 수 있는 위험이 있다는 것을 잊어버리기 쉽다는 사실을 명심하라.

문제는 사용자가 자신이 어떻게 생각하고 있는지를 컴퓨터가 잘 알고 있다는 사실을 얼마나 편안하게 받아들일 수 있는가, 그리고 만약 컴퓨터가 사용자의 욕구를 잘못 추측하여 실수를 한다면 사용자가 얼마나 관용적으로 인내할 수 있는가 하는 점이다. 대부분의 사람들은 삶의 세부적 사안들에서 반복적인 부분들은 기꺼이 포기하고, 내가 시간을 절약하자고 강조했던 세 번째 법칙에 따라 더 많은 자유를 얻기를 원한다.

하지만 당신 주변에 있는 기기들을 신뢰하는 위험을 감수하면서까지 단순함을 얻어야 할 가치가 있을까? 디지털 시대에서 사생활 보호라는 문제는 다음의 몇 페이지에서는 해결할 수 없는 과제이다. 그러므로 지금부터 우리는 이 신뢰의 문제에 좀 더 간단한 방식으로 접근해 보도록 하겠다.

☑ 긴장을 풀고 편하게 기대라

성인이 되어 수영하는 법을 배우는 것은 쉽지가 않다. MIT의 학부생이었을 때, 나는 수영장에서 서있는 모습만 보여줌으로써 필수과목인 수영을 가까스로 통과할 수 있었다. MIT를 떠난 뒤에도, 모든 종류의 수영 프로그램을 시도해 봤지만 다 실패로 끝났다. MIT에 돌아가서 다시 수영을 배웠던 경험은 훨씬 더 성공적이었다. 나는 교수로서 강습에 들어갔는데, 신입생들과 함께 수영 수업을 받자니, 좀 이상했다. 당시에는 막 MIT 교수진으로 합류했던 데다가 수영복과 수경은 나를 교수라기보다는 나이가 많은 학생처럼 보이게 만들었기 때문에 나는 학생들과 잘 구분이 되지 않았다. 심지어는 같은 수업에 있던 다른 학생으로부터 "당신은 전공이 무엇인가요?"라는 질문을 받을 때도 있었다. 나는 이 비밀을 털어놓지 않고 지켰다.

나를 가르쳤던 수영 강사는 수영을 하는 법에 대해서는 가르쳐 주지 않았던 특이한 사람이었다. 대신 그는 주로 '몸을 기대고' 물을 신뢰하는 방법만 가르쳤다. 나는 그가 수영하는 법을 가르쳐 줄 때까지 계속 기다리다가 어느새 더 편안한 마음으로 자연스레 물 위에서 몸을 앞뒤로 기댈 수 있게 되었다. 어느 순간 강사가 천천히 가면서 팔과 다리를 움직여 보라는 형식적인 지시를 했을 때 나는 갑자기 수영을 하고 있었다! 그렇다. 나는 그저 물을 신뢰하지 않았기 때문에 수영을 못했던 것이다.

최근에 덴마크의 음향기기 제조업체인 뱅앤올룹슨에서 혁신을 담당하는 이사를 만나는 행운을 얻었을 때, 나는 갑자기 수영을 배웠던 기억이 떠올랐다. 스타일, 태도, 그리고 자신감의 측면에 있어서 소비자 가전제품의 마세라티(이탈리아의 고급 스포츠카 제조업체 — 옮긴이)라 할 수 있는 뱅앤올룹슨은 단순함을 이해하려고 하는 나의 탐색에 큰 깨달음을 주었다. 이 브랜드의 전설적인 리모컨은 (첫 번째 법칙에서 논의했던 대로) 매우 세심한 기능 구성과 대조에 의한 집중을 통해 단순함의 우수한 품질 요건들을 모두 아우르고 있었다. 나는 이렇게 훌륭한 단순함을 창조해내기 위한 논리, 나아가 그 디자인 철학의 정신을 이해하기 위해 노력했다. 하지만 그 답은 아주 간단한 것으로 밝혀졌다.

뱅앤올룹슨은 음질에 집중하지 않고 느긋하게 기대는

것과...그저 무언가를 즐기는 것에 집중한다. 이것은 예상했던 바와 다른 교훈이지만, 주변적인 것에 집중하는 여섯 번째 법칙 '맥락'과 같은 맥락이라 할 수 있다. 제품을 통해 편하게 기댈 수 있게 하자는 목표는 음향과 영상이 서서히 침입해 들어오는 것이 아니라 자연스럽게 다가오게끔 수 있는 이상적인 상태의 휴식을 취할 수 있어야 한다는 의미이다. 흠잡을 데 없는 관리와 호의로 훌륭한 대접을 받고 있다고 믿을 수 있을 때에만 비로소 진정한 휴식을 취할 수 있다. 뱅앤올룹슨의 시스템은 믿고 몸을 기대면 물 위에 뜨는 것을 보장해주는 특별한 수영장의 물과 같이 서서히 빠져드는 신뢰를 주입하는 데에 중점을 두고 구축되는 것이다.

느긋하게 기대고 긴장을 풀 수 있는 것은 우리의 치열한 경쟁 사회에서 불가능한 일로만 보인다. 하지만 세세한 부분까지도 신경을 쓴 그들의 비범한 디자인은 우리의 경계심을 누그러뜨린다. 그렇게 두려움을 안도감으로 녹여버림으로써 사용자는 뱅앤올룹슨 제품의 보살핌 속에서 떠 있는 듯한 기분을 느낄 수 있는 것이다.

즉, 이러한 축복은 당신이 신용카드로 터무니없이 고가의 물건을 사면 안 된다면서 당신의 배우자가 검지를 휘저으며 방해의 신호를 보내기 전까지는 유효한 것이다. 뱅앤올룹슨의 프리미엄 가격은 상체를 뒤로 젖히고 편히 쉬는 경험을 하게 해주지만, 따뜻하고 멋진 날에 근처에 있는 공원의 푸른 잔디 위에서 훨씬 저렴한 가격으로도 그런 체험을 할 수도 있음을 고려해 보아라. 그저 등을 기대고 편히 휴식을 취하라. 물론 무료다.

☑
장인을 신뢰하라

식품산업을 둘러싼 부정적인 미디어의 힘이 내 생각에 파고들

곤 하는 탓에 레스토랑 메뉴판을 마주할 때면 우디 앨런(Woody Allen) 감독 스타일의 촌극이 떠오른다. 예를 들면, 쇠고기는 "광우병", 닭고기는 "조류독감", 생선은 "수은 중독", 그리고 채식주의자용 메뉴는 "유전자 변형 곡식"으로 해석되는 것이다. 그래서 어떤 메뉴를 선택하고, 더 나아가서 내가 메뉴를 선택했을 때 그것을 신뢰할 수 있을지 확신할 수 없다.

이처럼 메뉴를 선택하는 것으로 인하여 스트레스를 받고 싶지 않다면 오마카세 코스를 주문할 수 있는 스시 레스토랑에 가는 편이 낫다. 오마카세라는 말을 대충 번역해보면 "당신에게 모든 것을 맡기겠습니다."라는 뜻이다. 여기서 당신이란 스시를 만드는 주방장을 일컫는다. 그 과정은 아주 단순하다. 스시 주방장이 손님을 살펴보고, 손님의 일반적인 기질을 대략적으로 분석한다. 그런 다음에 계절과 그 날의 날씨를 숙고하고, 그의 창고에 보유하고 있는 생선의 종류 등을 고려하며, 최적화된 메뉴를 위해 대강 생각했던 것을 차려내는 것이다. 손님에게 음식을 신중히 조금씩 전해주면서 그의 반응을 자세히 살피고, 거기에 따라서 다음 메뉴를 조정한다.

이 특별한 서비스의 가격은 대체로 스시 주방장이 정해두었지만 당신이 원하는 가격의 한도를 구체적으로 제시하는 것을 부끄러워 할 필요가 없다. 오미카세 요리가 주는 만족감은 가격과는 직접적으로 연관되지 않고, 대신 주방장 자신이 숙련된 기술에 가지는 자신감과 더 관련되어 있다. 이러한 자만적 자기 믿음이 생기는 것은 장인이 가지는 "최고로서의 자신감", 혹은 "곤조(konjo, 근성)"에 그 뿌리를 두고 있다. 이런 것들이 주방장 자신의 인생이나 장인으로서 가져야 할 최소한의 지식보다 훨씬 더 중요할 것 같다.

서양에서 오마카세와 대등한 것으로는 "주방장 특선 메뉴"가 있다. 이 메뉴를 주문하면 전체요리부터 메인 요리, 후식에 이르기까지 각 단계마다 제공되는 두세 가지 정교한 요리가운데 하나를 선택할 수 있다. 주방장 특선 메뉴는 그날 저녁 최고의 요리를 제안하기 때문에 훌륭한 식사가 제공된다.

그러나 주방장 특선 메뉴와 오마카세 코스 요리에는 몇 가지 중요한 과정상의 차이점이 있다. 예를 들자면 주방장 특선 메뉴는 위험 부담이 훨씬 낮은 접근 방식이다. 궁극적으로 각 코스의 요리를 손님이 직접 선택하기 때문에 어떤 실수에 따른 비난의 책임도 손님이 져야 하는 것이다. 반면 오마카세의 접근방식은 그 코스를 제공한 장인이 최종 책임을 지기 때문에 더 큰 위험 부담을 감수해야 한다.

게다가, 주방장 특선 메뉴 접근 방식에서는 주방장이 주방에 있기 때문에 주문 과정에서 동떨어져 있으며, 제공된 식사가 손님의 니즈에 완벽히 적합할 수 있을지 판단할 수 없다. 반면 오마카세의 경우에는, 오직 스시의 장인으로부터 얼마 떨어지지 않은 거리에 앉아 주문을 하므로 장인은 식사하는 손님들의 미각을 사로잡을 수 있는 사활이 걸린 품질을 확보하기 위해 사투를 벌인다.

장인으로서의 약속과 명성이 당신이 클라이언트에게 제공할 수 있는 모든 것이라면 위기에서 벗어날 수 있는 위험성이 높은 게임이 바로 허영심이다. 지나친 자만심은 보통 훌륭함의 적이라 할 수 있다. 그리고 고객을 기쁘게 하는 것을 진정 우선순위로 할 때 자아를 위한 작은 공간이 생긴다. 하지만 스시 대가의 자부심에 대해서는 어느 정도 타당한 이유가 있다. 장인은 자신의 숙련된 솜씨와 전문적 기술에 기꺼이 따르기로 한 고객들이 원하는 것을 제공할 수 있을지 100퍼센트 정확하게 알고 있다.

아마도 오마카세 코스의 형식은 요리의 사디즘(성적 대상에게 고통을 줌으로써 성적인 만족을 얻는 것 — 옮긴이)에 속하게 될지도 모르겠다. 그것은 위험을 기피하는 경향이 있는 이 세상에서 점차적으로 사라지고 있는 요리의 일탈이다. 스시의 대가라면 이런 서비스를 위험한 것으로 인식하지 않으며, 그렇기에 두려움도 없다. 그는 이미 고객의 신뢰를 얻었거나, 기회가 주어졌을 때 맨손으로 고객의 신뢰를 얻으려고 분투할 것이다. 우리가 그의 스시를 신뢰해주기 때문에, 그 신뢰를 받는 장인의 영웅주의를 통해 스시에 관한 단순함이 달성되는 것이다.

☑️ 그냥 취소하라

겨울 연휴가 되면 당신은 친구를 위한 선물을 사고 있을 것이다. 선물을 살 때마다 상대방이 마음에 들지 않아 취소하고 다른 것으로 교환할 수 있도록 선물의 영수증을 발급받는 상황을 생각해 보자. 그것을 교환함에 따라 그 친구는 다시 선물을 교환할 수 있는 또 다른 영수증을 발급받게 될 것이다.

나중에 구매를 취소할 수 있다는 것을 알기만 해도 쇼핑 과정을 훨씬 더 단순하게 만들 수 있다. 어떤 결정도 최종적인 것은 아니란 사실을 알기 때문이다. 정말로 오늘날 소비자들은 그들의 구매에 대한 책임을 지리라고는 기대하지 않는다. 브랜드에 대한 소비자 신뢰를 구축하기 위해 기업들은 제품이 마음에 들지 않을 경우, 교환해 주어야만 발생하는 추가적 위험 부담도 기꺼이 떠안으려고 노력한다. 소비자의 신뢰를 얻어서 발생하는 이익의 증가분이 반품을 받아서 발생한 손실을 능가하기 때문이다. 이것이 바로 '취소'의 힘이다.

컴퓨터 도구들은 종종, 그리고 지금 우리에게 무한히 취소할 수 있는 선택권을 준다. 디지털 미디어는 관대한 매체이다. 시각적 표시, 입 밖으로 내뱉은 말, 혹은 입력한 글 따위는 모두 디지털의 영역에 들어가자마자 쉽게 제거될 수 있다. 이와 같이 취소가 갖는 마법에 대한 사람들의 견해는 각기 다르다. 어떤 사람들은 그것의 특성이 사람들에게 더욱 큰 위험을 감수하게끔 하므로 그 사람들의 창의성이 증가한다고 믿는 반면, 또 다른 이들은 깊이 생각하지는 않고 우연에 의해 아이디어를 떠올리기 때문에 창의성이 떨어진다고도 주장한다. 당신이 어느 입장을 선택하는지는 스시 장인이냐, 아니면 평범한 사람이냐에 따라 달라질 수 있다.

나는 이따금 구형 타자기와 종이에 인쇄된 내용을 취소하는 데 쓰는 하얀색 수정액이 들어 있는 지저분한 작은 통이 낭만적으로 느껴질 때가 있다. 그러나 현대의 워드프로세서는 내 가 포기를 하기 위해 바보가 되며...취소하고...태만해질 수 있다는 위안을 준다. 제품은 중요한 서비스를 수행하고 고객의 신뢰를 얻음으로써 우리의 실수를 바로잡게 해줄 수 있다. 낙관주의가 부족한 평범한 사람들에게 취소는 환영받을 만한 해결책이다. 모든 사람들이 스시의 대가처럼 될 수는 없으니까.

네 번째 법칙인 '학습'은 취소와 같은 버팀목이 없이

도 자신감 있게 어떠한 과업이라도 척척 해내는 장인의 능력의 기반이 되는 지식의 힘을 강조한다. 우리는 그의 기술이 절대적으로 훌륭하고 항상 정확하다고 신뢰한다. 그렇지 않다면, 왜 처음부터 그를 "장인"이라고 불렀겠는가? 이와 마찬가지로, 뱅앤올룹슨(B&O) 스테레오 전축의 자신감 있는 디자인은 당신이 장인이 만든 기계의 보살핌을 받으며 거기에 등을 기댄 채 휴식을 취할 수 있도록 만들어 준다. 우리가 가진 것보다 더 강력한 힘을 신뢰하는 것은, 우리가 태어나면서 우리를 보살펴 주는 성인들이 단순함에 대한 완전한 경험을 제공하던 때부터 타고난 습관이나 다름없다. 우리의 모든 요구와 욕구를 부모가 충족시켜 주는 데 대한 보답으로, 우리는 단지 부모를 신뢰하는 것을 넘어서, 사랑을 맡기면 되는 것이다.

그와는 반대로, 취소는 사랑에 관한 것이라기보다는 그저 편리함에 대한 관계라고 할 수 있다. 이 경우에는 경험과 사용자, 어느 하나가 우세할 수 없는 양자 간의 힘이 균등해진다.

모든 상호작용이 취소를 통해 처음으로 되돌아 갈 수 있기 때문에 깊이 있는 관계가 존재할 수 없다. 따라서 모든 행위를 함에 있어 그에 상응하는 행위가 취소되므로 약속이 아무런 의미가 없어지게 된다.

장인과의 관계를 신뢰하는 것과는 대조적으로, 취소의 힘은 모든 것을 신경을 쓰지 않아도 되는 데에 기인하는 단순함에 대한 느낌이 들게 한다. 비록 이러한 해석에 대해 도덕적으로 슬픈 무언가가 있다 하더라도, 취소는 적대시할 대상이 아니다. 당신이 처해진 환경에서 여러 대상들과의 복잡한 관계를 유지함에 있어 취소를 합리적인 파트너로 포용하라. 하지만 진짜 사람을 대함에 있어서는 가급적 취소하기 버튼을 누르지 않도록 하자.

☑
나를 믿어라

세 번째 '시간'의 법칙에서 예상했듯이, 사용자가 찾고 있는 단 하나의 페이지로 데려다 주는 '나는 행운이라고 생각해 (I'm feeling lucky)'라는 구글의 버튼은 절대 틀리지 않을 것이며, 더 이상 운이 필요하지도 않을 것이다. 대신 구글은 현재의 니즈나 욕구를 예측하기 위해 사용자의 과거 습관에 대한 지식에 의지한다. '수프'를 찾아보고 있다고? 아마 사용자는 가장 최근에 많이 구매해서 현명한 찬장에 넣어 둔 캠벨(Campbell) 수프에 대해 검색해보고 싶을 것이다. '좋은 책'을 찾아보고 있는가? 그렇다면 아마도 사용자는 과거에 구매했던 것과 유사한 책들을 검색을 하고 있을 확률이 높다. 아마존닷컴은 이미 이러한 제안형 엔진을 제공하고 있다. 그리고 비록 정확도가 100퍼센트까지는 안 되더라도, 미래에는 컴퓨터의 연산 능력이 점점 커짐에 따라 사용자 각각의 독특한 특성까지도 이해하려고 들면서 오직 기계들을 도와주는 기능만 할 것이다.

시스템이 사용자에 대해 더 많이 알수록, 사용자는 더 적게 생각해도 된다. 역으로, 사용자가 시스템에 대해 더 많이 알면 알수록, 더 강력한 통제력을 발휘할 수 있다. 그러므로 어떤 제품이나 서비스의 미래적 사용에 대한 딜레마는 사용자에 대한 다음의 두 가지가 가진 균형점을 찾는 문제를 해결해야 한다는 것이다.

사용자는 시스템에 대해서
얼마나 많이 알아야만 할까? ←‥‥→ **방향을 잃은 상황에서**
얼마나 버틸 수 있을까?

왼쪽의 경우는 시스템에 대해 배우기 위한 노력이 필요하며 그 시스템에 통달하게 된다. 오른쪽의 경우는 반드시 시스템에 신뢰를 주어야 하고, 시스템은 그 신뢰에 대해서 지속적으로 보상을 해줘야만 한다. 장인의 주도에 따라간다면 그로

인하여 편의성을 더 누릴 수는 있겠지만 사생활 침해도 뒤따를 것이다. 그 대신에, 시스템에 대한 사용자의 지식을 신뢰하기 위해 차근히 학습함으로써 취소하기는 사용자가 스스로 장인이 되게끔 해줄 것이다. 믿음을 어디에 두느냐에 따라 여러 가지 방법들이 있을 것이다.

신뢰에 대해 마지막으로 하나만 더 말하고 싶다. 내가 예전에 대학원에 다닐 때 나에게는 특히 냉소적인 관점을 가진 연구실 동료가 있었다. 어느 날 그는 나에게 "존, 나를 믿어 줘."라고 말하는 사람이 있다면, 어느 순간이든 그 말을 "헛소리 하고 있네."라고 바꾸어 생각하라고 경고했다. 그 친구는 누군가가 믿어 달라고 요구하는 것이 남을 속이려는 의도를 품고 있는 것이라고 믿고 있었다. 그 당시 나는 순진한 학생의 전형이었기에, 그 말을 들은 후 그렇게 약간은 무례한 생각을 마음속에서 지우지 못해 어려움을 겪었다. 나는 단순함을 추구하기 위해 그 연구실 동료의 충고에도 불구하고, 일단 의심할 나위

없이 상대를 믿고 보는 방식을 택하고 있다. 그러나 그럴 만하다고 생각이 되면 언제든 그 신뢰를 무효로 돌릴 자세가 되어 있다.

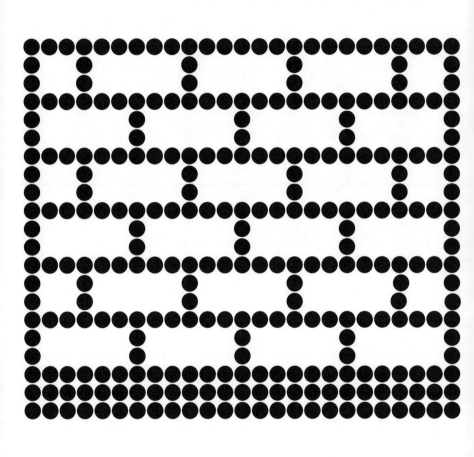

실패

어떤 것들은 절대
단순하게 만들어질 수 없다.

아홉 번째 법칙에 내재된 진실은 내가 숨기기를 택할 수 있었던 것이다. 하지만 여덟 번째 법칙인 '신뢰'는 내가 그 진실에 대해 사실대로 말하도록 명령한다. 그 진실은 어떤 것들은 절대로 단순하게 만들어질 수 없다는 것이다. 특정 상황에서는 단순함을 찾기가 어렵다는 사실을 알고 있다면 명백히 성취하기 불가능한 목표를 쫓는 대신, 미래에 더 건설적으로 시간을 사용할 기회를 얻을 수 있다. 그러나 성공의 대가가 너무 비싸거나 또는 그 성공 자체가 너무 멀리 있을 때에도 단순함을 찾기 시작한다고 해서 해가 될 것은 없다.

당신이 단순화를 시도하다가 실수를 할 때에는 언제나 그 실수로부터 깨달음을 얻기도 하고 실패수익률(ROF, Return On Failure)도 높일 수 있다. 훌륭한 예술가나 기타 창의적인 계층의 구성원들은 실패에 직면했을 때 그 불행한 사건을 다른 관점으로 빠르게 변화시킨다. 누군가에게는 단순함을 추구하다가 실패한 실험이 다른 누군가에게는 복잡함의 아름다운 형태를 추구해서 성공한 경험이 될 수 있다. 이처럼 단순함과 복잡함은 보는 관점에 따라 미묘하게 변화한다.

꽃 한 송이의 깊이 있는 아름다움에 집중을 하자. 중심부에서 뻗어 나온 가늘고 섬세한 꽃술과 아주 단순한 하얀색 꽃에서 중앙으로부터 색조가 절묘하게 은은하게 변하는 광경에 주목하라. 복잡함도 아름다울 수 있다. 동시에 가장 복잡한 꽃이 피기 시작하는 것도 씨를 뿌리고 물을 주는 아름다운 단순함에서 비롯된다. 비교적 단순한 컴퓨터 코드 한 줄로도 놀랄 만큼 복잡한 시각 예술을 창조해낼 수 있다. 반대로, 구글의 복잡한 네트워크 서버와 알고리즘은 사용자들에게 간단한 검색 경험을 선사한다. 단순하거나 복잡한 것으로써 무언가를 판단하는 일은 준거기준을 요한다.

가까운 인간관계 또는 내가 소장한 미술품처럼 절대 단순하게 되지 않기를 원하는 특정 대상들이 있다. 단순함과 복잡함은 서로 공생하는 가치를 가지고 있다. 다섯 번째 법칙 '차이'에서 제시했듯이, 단순함과 복잡함은 불가분의 관계에 있다. 서로가 존재하기 때문에 각각의 의미도 달라진다. 완벽한 단순함을 구현한다는 말은 복잡함을 완전히 제거한다는 것을 의미한다. 그러나 단순함만 남는다면 진정으로 단순한 것이 무엇인지 어떻게 알겠는가? 그러므로 단순함을 추구하다가 실패하는 것은 우리에게 큰 자산이 될 수 있다.

실패는 일어나기 마련이다. 수없이 많이는 아니겠지만 당신이나 나나, 적어도 하루에 한 번은 실수를 한다. 나는 이번 세기가 막 시작될 무렵 단순함이라는 주제에 대한 이해를 깊이 하고자 하는 여행을 하기 시작했으나, 아직 모든 답을 찾지 못했다는 것을 인정할 수밖에 없다. 내 생각 가운데 일부는 분명 틀린 것으로 보일 수밖에 없을 것이다. 하지만 세 번째 법칙 '시간'에 의한 조급함은 해결하지 못한 결점이 있음에도 내가 곧바로 이 책을 출판하도록 만들었다.

단순함의 결점 1: 과다하게 사용되는 두문자어

1. 축소 단순함을 성취하는 가장 간단한 방법은 신중하게 생각하여 축소시키는 것이다

2. 조직 조직화는 많은 것을 더 적어 보이게 만든다.

3. 시간   시간을 절약하면 단순함이 보인다.

4. 학습   지식은 모든 것을 더 간단하게 만들어준다.

나는 첫 번째 법칙인 '축소'를 보충하는 방법론을 개발하기 위해 SHE(축소, 숨기기, 구체화)와 HER(숨기기, 구체화, 제거)의 두 가지의 선택사항에 대해 생각해 보았다. 먼저 대명사 대 형용사라는 점에서 차이가 있다. SHE는 대명사이고, HER는 형용사이다. 논의를 전개시키는 데 있어서 두 부분을 모두 통합적으로 활용해 보는 방안을 떠올렸다. 그래서 첫 번째 법칙을 개발하기 위해 SHE와 HER를 번갈아 언급하면서 서술을 해보았다.

그러나 HER의 제거 법칙에 따라, 나는 HER 자체를 제거해버리고 SHE를 선택하게 되었다. 오직 한 가지만 선택하는 것이 옳은 결정이라는 사실은 진작부터 알 수 있었다. 두 가지를 모두 사용한다는 것은 애벗과 코스텔로의 유명한 코미디 〈1

루수가 누구야? (Who's on First?)〉[여기서 Who는 '누구'라는 의미임과 동시에 사람의 이름이며, 이 작품은 대화에서 자주 나오는 의문사와 야구 포지션을 이용한 언어 유희적 만담 — 옮긴이]에 나오는 우스운 대화 한 토막처럼 들린다.

이후 두 번째 법칙인 '조직'에서는 SLIP(분류하기, 이름 붙이기, 통합하기, 우선순위 정하기의 영어 SORT, LABEL, INTEGRATE, PRIORITIZE의 두문자어) 방법론을 소개했고, 세 번째 법칙에서는 다시 SHE 방법론에 대해 다루었다. 그리고 나서는 당신의 집중이 흐트러졌다고 생각이 되어, 분리해서 BRAIN이란 방법을 네 번째 '학습' 법칙에 담으려고 했다. 이와 같이 축약어는 복잡한 아이디어를 단순화하는 훌륭한 방법이지만 YAA(또는 다른 축약어, Yet Another Acronym)의 단조로움은 너무 심해서 참기가 어렵다.

☑️

단순함의 결점 2: 잘못된 형태

5. 차이 단순함과 복잡함은 서로를 필요로 한다.

6. 맥락 단순함의 주변에 있는 것들은 결코 하찮은 것이 아니다.

7. 감성 감성은 풍부한 것이 적은 것보다 낫다.

8. 신뢰 우리가 신뢰하는 단순함으로.

이 책에서 법칙들을 전개할수록 그 주제는 점점 더 모호해지는 것 같다. 나는 두 번째 법칙 '조직'에서 형태 심리학, 또는 '빈 공간을 채우기' 위한 정신적 능력을 소개하여 나의 접근법에 대한 창의적 해석을 정당화시켰다. 하지만 이처럼 설명을 개방하여 자유롭게 해석되게끔 하는 것은 논리적으로 혼란을 불러일으킬 수도 있다.

다섯 번째 법칙인 '차이'는 인간의 본능을 통해 성취하게 되는 단순함과 복잡함 사이의 조화를 함축하고 있다. 모든 사람의 본능은 저마다 다르며, 따라서 단순함과 복잡함 사이에서 최적의 균형을 이루는 단 하나의 정답을 얻기는 정말 어렵다. 같은 이유로, 각기 다른 문화, 호기심, 그리고 유행을 만족시키기 위해 음악 스타일도 클래식, 록, 그리고 힙합으로 다양하게 존재하듯이 단순함의 리듬도 다양해질 수밖에 없다.

다음으로, 여섯 번째 법칙인 '맥락'에서는 현존하는 문제들만 보는 것을 피하는 대신에, 상황의 전체적 흐름에도 주의를 기울여야 한다고 이야기했다. 이 접근법은 당신에게 당면한 문제를 무시해야 한다고 하는 의미 같아서 다소 무책임한 것으로 들릴지도 모르겠다. 하지만 사실 여섯 번째 법칙은 직접적으로 무시하는 방법을 제시하는 것이 아니라 전경에 발생한 일과 배경을 연결 짓는 보이지 않는 틈새에 정신을 집중해야 한다는 점을 이야기 하는 것이다. 하지만 사실은 그 연결고리를 찾는다는 것이 매우 어렵기 때문에 아무것도 없는 것처럼 보이는 곳을 유심히 살펴보라고 할 수는 없다. 또한, 마치 내가 진짜 아무것도 없는데 지어서 이야기하는 것처럼 보일 수 있기 때문에 "무에서 유가 나온다."는 말도 전혀 도움이 되지 않을 것이다.

일곱 번째 법칙 '감성'을 오해해서 단순하고 순수한 경험은 메마르고, 무감정한 것이라고 생각할 수도 있다. 단순함이나 복잡함이냐 하는 선택은 개인의 개성과 바로 그 당시 상황의 기분에 따라 달라지는 것이다. 때때로 명쾌함을 선호하기도 하고, 어떤 때는 혼돈을 선택한다. 일곱 번째 법칙은 마음대로 선택을 바꿀 수 있는 권리를 보장해 준다.

마지막으로, 여덟 번째 법칙인 '신뢰'에서 스시의 장인을 절대적으로 믿어야 하는 사람으로 소개했다. 또 그와 동시에 자신의 행동조차 믿지 못할 경우를 대비해서 취소를 허용하는 것을 바람직한 요소로 제시했다. 압박에서 해방되는 느낌은 환상적이다. 그러니 스시 장인도 스시 바 옆에 앉아서 무효 버튼을 누르고 싶지 않겠는가?

최고의 성과를 요구하는 직업에 종사하는 우수한 개개인들은 무효라는 안전망에 의지하고 싶은 자신의 약점을 인정하지 않는다. 그렇다고 해서 그들이 긴장을 푸는 법을 모른다는 말은 아니다. 결국 그런 것을 위해 술이 존재하는 게 아닐까.

☑️

단순함의 마지막 결점: 너무나 많은 법칙들

9. 실패   어떤 것들은 절대 단순하게 만들어질 수 없다.

단순함의 법칙을 만들겠다는 목표를 처음 세웠을 때,

너무 많을 줄 알면서도 16가지 법칙을 정했다. 그러다가 SLIP 방법론을 몇 차례 사용해서 법칙의 숫자가 한 자리 숫자 범주에 들어가도록 아홉 가지로 그 수를 줄였다. 이 법칙들을 더욱 통합해서 좀 더 적게 만들 수도 있지만 lawsofsimplicity.com 웹사이트에서 법칙들의 진화가 진행되고 있기 때문에 지금 당장 그렇게 할 필요는 없을 듯하다.

이보다 훨씬 간결한 대원칙을 바라는 순수주의자들을 위해서 마지막 열 번째 법칙인 '하나'를 소개하고자 한다.

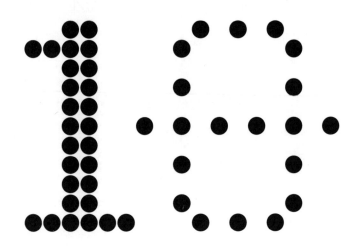

단순함은 명확한 것은 빼고 의미 있는 것을 더하는 일에 대한 개념이다.

일본의 국가대표 럭비 팀은 최근에는 많이 추락했지만 한때는 강력한 실력을 자랑했었다. 새로운 프랑스인 코치 장 피에르 엘리스살데(Jean-Pierre Elissalde)의 지도로 그들은 다시 치고 올라가는 것으로 보였다. 엘리스살데가 해외에서 처음 왔을 때, 일본 팀이 지나치게 예측하기 쉬운 플레이를 한다는 점이 근본적인 문제라고 평가했다. 일본 선수들이 경기장에서 이동하면서 공을 패스할 때에는 기계적인 정확성이 보였기 때문에, 상대팀 선수들은 일본 선수들의 진로를 예측하기 쉬웠고 번번이 방해할 수 있었다.

엘리스살데는 그의 선수들에게 "샴페인 잔의 거품처럼 움직여라."라고 촉구했다. 예측이 불가능하게끔 떠올랐다가 우아하게 흘러내리는 것처럼 말이다. 일본 팀은 직관과 지능을 조화롭게 운용하는 법을 배워야만 했다.

이처럼 단순함은 절망적일 정도로 미묘하고, 또 그것을 규정하는 많은 특징들도 상당히 함축적인 의미를 내포하고 있다(단순함이란 뜻의 단어 SIMPLICITY 속에는 함축이란 뜻의 단어 IMPLICITY가 숨어 있음을 주목하라).

깊이 있게 술을 마시는 것을 핵심으로 한 엘리스살데의 샴페인 접근법은 내가 단순화시킨 표현 한 가지를 생각해낼 수 있도록 이끌어 주었다. 단순함은 명확한 것을 제거하고 의미 있는 것을 더하는 것에 관한 개념이다.

10가지 법칙(여기서 10은 1과 0의 조합)에서 영(0)을 빼면 일(1, 하나)이 남는다. 이게 의심스럽다면 지금부터 설명하는 열 번째 '하나'의 법칙을 살펴보자. 그 방법이 훨씬 더 간단할 것이다.

나의 관찰들을 단순함에 관한 10가지 법칙에 맞추어 풀어내던 중, 몇 가지 생각들은 열 번째 법칙 하나에만 깔끔하게 부합하지 않는다는 사실을 깨닫게 되었다. 하지만 그것들은 단순함이란 주제와 특히 관계가 깊은 세 가지의 구체적 기술들과는 정말 잘 조합된다. 원래 나는 아래의 세 가지 비법에 대한 설명은 없애버려서 이 책의 분량을 더 축소(REDUCE)하려고 생각했다. 하지만 다양한 분야에 종사하는 기업인들과의 대화에서 '하나'의 법칙이 완벽하게 명백한 것만은 아니었다는 점을 깨달았기에 여기에서 다루기로 결정했다.

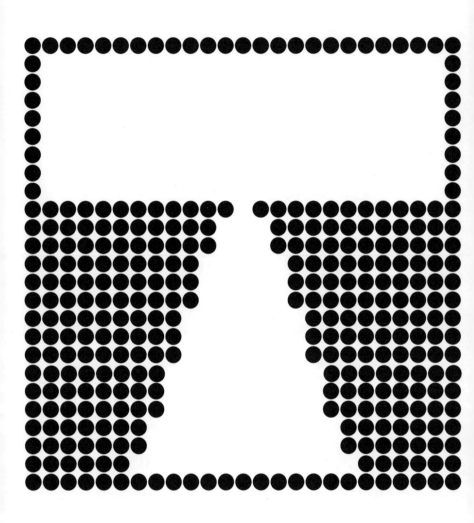

단순히 멀리멀리 보내 버림으로써 더 많은 것을 적어 보이게 할 수 있다.

1984년, 나는 뉴잉글랜드의 친구 기숙사에서 쉬었던 추운 밤을 잊을 수 없다. 그 친구가 컴퓨터 단말 장치에 마법 같은 주문을 입력하고 나자 그는 MIT 메인프레임에서 컬럼비아 대학의 메인프레임으로 이동해 있었다. 감탄한 나는 "설마!"라고 말했고, 친구는 키아누 리브스(Keanu Reeves)가 말하는 스타일로 단조롭게 흉내를 내며 "말이 돼."라고 강철같이 대답했다.

비법 1 / 멀리 보내기

그 당시에는 새로 나온 개인용 컴퓨터보다 대학교의 대형 중앙 컴퓨터가 훨씬 더 성능이 좋았기 때문에, 기술에 능숙한 많은 학생들이 저렴한 비용으로 데이터 단말 장치를 이용했다. 그 데이터 단말장치는 자체적인 연산 능력은 없지만 더 성능이 좋은 기계와 연결할 수 있는 능력을 갖춘 텍스트 디스플레이였다. 그때는 실제 물리적 데스크톱에 저장된 것은 적지만 멀리서 원격으로 더 많은 일을 할 수 있다는 것이 남자답고 멋있어 보인다고들 생각했다.

현대의 데스크톱 컴퓨터는 수십 년 전에 우리가 사용했던 MIT의 대형 컴퓨터만큼이나 뛰어난 처리 능력을 보유하고 있다. 기본적인 워드프로세서와 스프레드시트 응용 프로그램을 편안하게 운용할 수 있게 하는 데에 일반적인 데스크톱 컴퓨터 처리 능력의 1퍼센트도 필요하지 않는다. 그러나 오늘날에는 엄청난 메모리 용량과 연산 능력을 사용할 수 있는 응용 프로그램들이 넘쳐나는 지경이 되었다. 한때는 플로피 디스크한 장만으로도 프로그램을 설치할 수 있었지만 이제는 CD 한 장, CD 세트, DVD 한 장, 그리고 이제는 여러 장의 DVD가 필요한 지경에 이르렀다.

이러한 데이터의 초대형 탱크를 컴퓨터에 쏟아 부으면 기름유출 사고와 비슷한 일이 가상 정보의 바다에서 발생할 것만 같다. 결과는 컴퓨터가 처음 포장을 풀었을 때만큼 빨리 작동되지 않거나 최악의 경우에는 심지어 전원이 켜지지 않을 수도 있다. 컴퓨터를 최신의 상태로 잘 유지하는 것은 소유자에게는 풀타임 직업을 수행하는 일처럼 느껴질 수 있다.

약간 퇴화하는 것처럼 보이는 변혁이 일어나고 있다. 데이터 단말 장치의 단순한 모델이 잘난 척 과시하는 게 아니라 상식에 호소했기 때문에 다시 인기를 얻었던 것이다. 책상 위의 컴퓨터를 계속 가동시키기 위해 CD더미를 처리하거나 네트워크에서 프로그램을 다운받는 것보다는, 간단하게 원격

컴퓨터의 소프트웨어에 접속하는 것이 더 낫지 않겠는가?

웹브라우저에 있는 간단한 텍스트 입력 상자를 통해 자체적으로 방대한 컴퓨터 네트워크와 데이터베이스에 접속하는 것을 가능케 하는 구글의 영향력에 대해 생각해보라. 사용자들은 구글의 문의 언어를 진행시키기 위해 엄청난 연산 장치를 집의 선반에 놓아둘 필요가 없다. 단순하게 멀리, 멀리 보내 버림으로써 많은 것을 적어 보이게 할 수 있다. 그러므로 결과물만 저장해 두고, 실제 작업은 멀리 떨어진 위치에서 하게 되면 경험이 단순하게 형성될 것이다.

최근에는 멀리 떨어진 곳에서 컴퓨터 응용 프로그램을 가동시키는 모델이 인기를 얻고 있다. 이것은 '서비스로써의 소프트웨어(Software as a service)'라고 불린다. 구글은 (지금까지는) 무료로 서비스를 제공하고 있지만, 누군가는 받아낼 수 있는 가치 때문에 검색 한 건당 일정 가격이나 월정액을 부가하는 미래의 서비스를 상상하고 있을지도 모른다. 사용자들이 소프트웨어를 가까이에서 운용하기 위해 컴퓨터 연산 능력이나 저장 용량을 유지하거나 관리할 필요가 없다는 편의성이 있음을 잊지 않아야 한다.

인기 있는 세일즈포스닷컴(Salesforce.com)과 같이 스프레드시트를 운용하고, 프로젝트를 관리하며, 고객 관계를 관리해 주는 기능을 갖춘 비즈니스에 초점이 맞추어진 소프트웨어 시스템을 이미 웹 기반에서 이용할 수 있다. 이러한 서비스는 원격으로 작동하기 때문에 훨씬 간단할 뿐만 아니라, 사무실이나 집에서 벗어나 외부에서 활동하는 시간이 긴 요즘의 행태에 잘 부합하는 것이기도 하다.

멀리 보내기 비법의 효율성에 대한 근본의 확립은 외부에 위탁한 작업과 신뢰할 만한 의사소통이 유지되기 위한 방법이다. 웹 기반 전화는 오직 네트워크에 안정적으로 접속할 수 있을 때만 유용하다. 역으로, 원격으로 유지되는 서비스는 최신 바이러스나 해커의 공격에 대해 저항할 수 있어야만 한다. 21세기에도 여전히 장거리 관계가 지속적으로 번창하기 위한 방법을 알아내려는 물음이 계속 이어진다고 생각하면 마음이 편해진다.

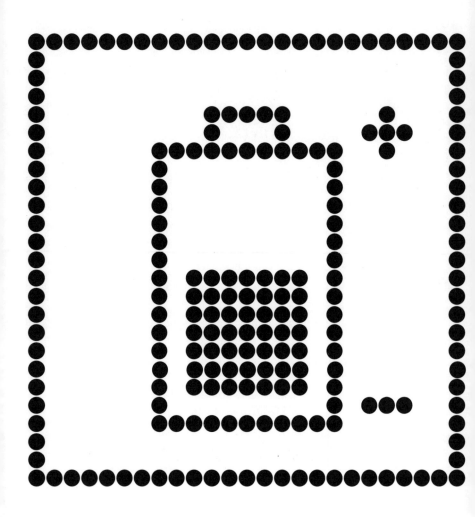

개방

개방은 복잡함을
단순화해준다.

우리의 열린 사회에서 진정 모든 것을 개방하는 것은 위험한 일이 될 수도 있다. 사람들은 "사랑해."라는 간단한 말로 감정을 드러낼 때 일상에서 감성적 고통을 받을 수 있는 위험을 감수한다. 그 반응이 긍정적일 때는 천사가 노래 부르고, 요정들이 공중에서 춤을 춘다. 하지만 그 반응이 부정적이라면 천사와 요정은 마을을 떠나서 다시는 돌아오지 않을 것이다. 비즈니스 세계의 용어로 말하자면, 누군가에게 당신의 사랑을 고백하는 것은 보상의 기회가 큰만큼 감수해야 하는 위험 부담도 상당히 크다. 내가 그런 위험 부담을 기꺼이 감수했었기에 지금까지 15년 이상 행복한 관계를 지속하고 있음을 행복하게 느낀다.

그런 식으로 기업은 사랑을 고백하지 않는 경향이 있다. 하지만 제품을 디자인하는 비즈니스에서는 더 많은 정보를 공개하라는 압박이 점점 커지고 있다. 독점 시스템을 공개하는 일은 사랑을 고백하는 일처럼 위험 부담이 높고, 때때로 분기 수익을 공표하는 기업이 그 위험을 감당 못 할 정도에 이르기도 한다. 누가 그 정보를 오용한다면 어떡할 것인가? 경쟁사가 우리 회사의 기밀을 이용할 수도 있지 않는가? 소비자들이 혼자서도 쉽게 만들 수 있는 제품을 구매하려고 할까? 엄청난 노력을 들이고 투자를 해서 성공적인 제품을 생산해 놓고 핵심 보호 기술, 다시 말해 노하우나 '지식재산권'을 무료로 제공한다는 건 말도 안 되는 일이다.

기술의 세계에서는 소프트웨어의 청사진과도 다름없는 소스 코드를 공개하는 '오픈 소스' 모델이 공공적으로 이용이 가능하게 되어가는 추세이다. 이는 무료일 뿐만 아니라 시장에서 가장 우수한 소프트웨어보다 더 안정적인 소프트웨어를 공급할 수 있는 방법이기 때문이다. 가장 잘 알려진 예로, 마이크로소프트 윈도우와 경쟁하는 운영 시스템인 리눅스(Linux)가 있다. 리눅스는 무료인데다가 오픈 소스지만 윈도우는 유료이고 소스도 개방하지 않는다.

언젠가 라디오에서 리눅스 전문가가 윈도우는 클로즈 소스이기 때문에 문제가 생겼을 때 사용자가 조치를 취할 수가 없는 반면, 리눅스는 그렇지 않다고 설명하는 것을 들었다. 하지만 그것은 상당히 오해를 불러일으킬 만한 말이다. 왜냐하면 실제로 컴퓨터 프로그램이 진행됨에 따라 리눅스는 극도로 복잡해지기 때문이다. 설령 코드를 안다고 하더라도 사용자가 버그를 고칠 수는 없을 것이다. 전문가를 필요로 하는 것이다. 그러나 인터넷상에는 수천 명의 리눅스 전문가가 보안 결함과 같은 흔한 문제가 발생했을 때 언제든지 응답할 수 있다. 이러한 전문가들은 실제 마이크로소프트의 직원이 전화 연락을 받기도 전에 행동에 착수하여 조치를 취해 줄 것만 같다. 개방은 복잡함을 단순하게 해준다. 오픈 시스템의 등장으로, 다수의 힘이 소수의 힘을 능가할 수 있게 되었다.

소스 코드를 공개하기 싫어하는 기업의 구미에 맞는 오픈 소스의 두 번째 모델은 응용 프로그램 인터페이스(API, Application Programming Interface)를 제공하는 것이다. 아마존닷컴은 이와 같은 방식의 초기 개척자로, 실제 소스 코드를 공개하는 대신 아마존닷컴 API의 개방을 통해 누구나 웹상에서 자기만의 서점을 디자인하고 개설할 수 있게 해주었다. 다른 사례로는 덕분에 프로그래머들이 최단 경로 찾기나 부동산 지도 같은 새로운 응용 프로그램을 만들 수 있도록 해준 구글 맵 API가 있다.

기능성을 갖춘 오픈 시스템에 선택적으로 접근하는 방식인 API는 실질적인 청사진 대신, 액세스 처리 능력을 이용할 수 있는 범위에서 일반적인 커뮤니티에 제공된다. 이 기능성이 보통 무료로 커뮤니티에 제공된다는 사실에 주목하라.

여덟 번째 법칙에 따르면 단순함의 깊은 형식은 신뢰에 뿌리를 두고 있다. 판매 기술에 관한 어떤 책을 읽어 보더라도 강력한 비즈니스 관계는 신뢰를 기반으로 하여 형성될 수 있다고 알려줄 것이다. 오픈 시스템은 신뢰의 경제성에 대해 독특한 수요를 가지고 있다. "받는 기쁨보다 주는 기쁨이 더 크다."는 속담이 당신의 마음을 울린다면, 당신은 오픈 시스템과 관련하여 장기적으로 이득을 얻을 수 있음이 명백하다.

만약 관습적 자본주의가 당신의 나침반이라서, "나를 믿어줘."라는 말이 "썩 꺼져!"라고 번역된다면, 당신은 폐쇄적인 접근법을 선택할 것 같다. 하지만 '무료'로 공개하는 방식을

'유료' 방식으로 전환할 수 있도록 유도하는 신호는 여러 곳에서 찾아볼 수 있다. 예를 들어, 37시그널스(37signals)의 인기 있는 웹 응용 체계인 "루비온레일즈(Ruby on Rails)"는 완전히 무료지만, 동시에 관련된 유료 서비스를 판매하고 있기도 하다. 개방에 대한 사례에는 정말 많은 여지가 남아 있다.

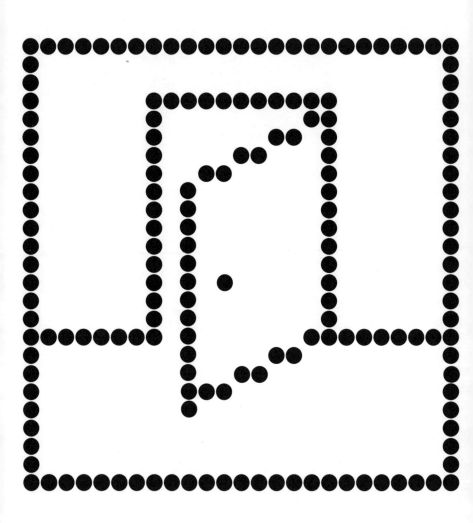

덜 쓰고 더 얻어라.

내가 소유하고 있는 재충전이 가능한 기기들은 모두 먹이를 줘야만 하는 새로운 애완동물과 같다. 휴대폰, 노트북 등과 같은 무선 시스템은 자유를 느끼게 해주지만, 대신 새로운 기기마다 치러야 할 대가가 있다. 규칙적으로 각 장치에 에너지를 공급하지 않으면 배터리가 방전되기 시작하고, 결국에는 그것들의 효능도 사라져 버리게 된다.

나는 아이팟을 가지고 있지만 평소 내 주변의 소리를 듣기 좋아하므로 더 이상은 절대 아이팟으로 음악을 듣지 않는다. 아이팟은 책상 위에 놓여 있고, 나는 그저 배터리가 방전되었는지 확인하기 위해 몇 주 만에 한 번씩 그것을 켜보곤 할 뿐이다. 기묘하게도, 중환자를 치료하는 듯한 의식적인 느낌으로 그 조그만 친구를 급히 전원 동글(특정 프로그램을 승인된 사용자만 사용할 수 있도록 하기 위해 컴퓨터의 입출력 구멍에 꽂는 작은 장치 — 옮긴이)에 연결하고, 눈에 띄게 맥박이 돌아올 때 안도감을 가지게 된다. 하지만 언젠가는 이 친구가 배터리 충전 기술의 유한한 자원 문제 때문에 깊은 잠에서 깨어나지 못할 날이 올 것이라는 사실을 알고 있다. 인간이기에 우리도 나이가 들며 노화가 진행되니 기기의 배터리가 닳아 없어져야 하는 것은 공평하고도 자연스러운 일이다.

내 동료 교수인 조셉 파라디소(Joseph Paradiso)는 전력의 문제점을 해결하기 위한 새로운 해결책들을 개발하고 있다.

MIT에서 조셉과 그의 팀원들은 전자적으로 무선 주파수 신호를 보내기 위해 버튼을 누르는 동안 생성된 에너지를 모으는 자가 충전 방식의 무선 스위치를 발명했다.

달리 말하면, 전자 열쇠로 자동차 경보 시스템을 활성화시킬 때 사용하는 리모컨에 배터리가 필요 없고, 그 대신 그저 버튼 하나만 눌러서 전원을 재충전할 수 있다는 것이다. 그것은 단지 작은 휴대용 스위치에 불과했지만, 논란을 불러일으킬 정도로 MIT 미디어랩에서 가장 인기 있는 발명품 가운데 하나였다. 배터리의 수명 문제를 해결하려는 제2의 해결책은 배터리 하나를 수십 년 동안 지속시켜 주는, 극도로 저전력 방식의 전자 회로를 만들어 내는 것이다. 전자 기기는 전력에 의지하는 데서 벗어나지 않는 한 절대로 단순해질 수 없다. 전력이 공급되지 않아도 되는 것처럼 보이는 전자 기기는 모순어법처럼 느껴지겠지만, 그것이야말로 우리가 달성해야 할 중대한 가치다.

미국은 개발의 전환점에 있다. 변덕스러운 연료비용과 불가피하게 연관되는 지정학적 문제 때문에 전력에 대한 논의를 복잡하게 만든다. 우리는 전력이 필요하고, 끊임없이 증가하는 세계 인구는 언제나 더 많은 전력을 원하고 필요로 하게 될 것이다. 충전용 배터리나 그밖의 다른 배터리 기술은 외부 전력에 대한 의존에서 자유로운 것처럼 보이며 자유로움을 가장하고 있는 것이다. 그러나 모든 전력은 어딘가에서 생성되어야 하며, 그 전력을 소비자에게 보내기 위해 자체적인 에너지가 소모되기도 한다.

배터리는 반드시 제조되어야 하는 것이며, 태양열판 역시 마찬가지이다. 기름은 아주 먼 거리에서 수송해 와야 하는 자원이다. 예측할 수 있는 유일한 해결책은 인류가 집합적으로 에너지를 덜 사용하고, 더 현명하게 사용하는 것이다. 적게 쓰고 많이 얻어야 한다. 비록 세금 공제 혜택이 주어지지 않지만, 개인적인 희생은 세계를 위한 직접적으로 자선 행위라고 해석

될 수 있다.

나는 나만의 방식으로 '지속 가능한 컴퓨터 사용'을 실천한다. 최근에는 "치킨(정면충돌을 하며 놀라서 먼저 피하는 사람이 겁쟁이인 치킨이 됨 — 옮긴이)"이라는 사업가의 모험과 대등하게 대담한 게임을 즐기기 시작했다. 여행을 가서 전원 연결선도 없는 노트북 컴퓨터로 얼마나 많은 생활을 할 수 있는지 확인해 보는 것이다. 디자인업계에서는 제약이 많을수록 더 나은 해결책이 나온다는 믿음이 있다. 지금 당장 내 노트북 컴퓨터에 배터리가 겨우 14분 분량밖에 남지 않았지만 전원이 연결된 상태에서 자유롭게 노트북을 사용할 수 있을 때보다 정말로 훨씬 더 많은 일들을 해낼 수 있다는 것을 알 수 있다.

긴박감과 창조적 정신은 함께 일어나는 것이며, 그것의 긍정적 결과로써 혁신이 일어나는 것이 바람직한 혜택이라 할 수 있다. 이러한 접근방식의 혜택을 확인하려는 사람들의 수가 어느 정도냐에 따라서 눈부시게 아름다운 우리의 행성 지구의 진행 표시줄(프로그래스바)의 종착지가 결정될 것이다. 전력의 수확과 보존을 위한 기술 혁신과 함께 전력을 적게 사용하는 결과를 낼 수 있는 사회적 관행이 늘어나는 것은 역설적이지만 단순함의 가장 강력한 사례가 가장 힘이 없어 보이는 사람들의 삶 속에 있다는 사실을 깨닫게 해줄 것이다.

멀리 보내기, 개방, 그리고 전력이라는 세 가지 비법은 단순함의 미래를 위한 중요한 기술적 지표이다. lawsof-simplicity.com에서 이 세 가지 비법과 더 많은 방법들에 대해 자유롭게 논의하고 토론할 것이다.

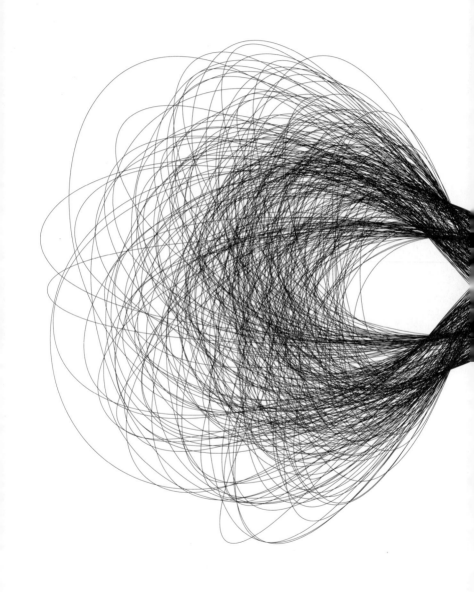

기술과 인생은 오직 당신이 허락할 때만 복잡해진다.

나는 예술학교에서 종이에 펜으로 드로잉을 하다가 실수를 되돌리려고 존재하지도 않는 취소 버튼을 누르려고 손을 뻗었던 적이 있다. 그러는 사이에 내가 기술에 영향을 주기보다는, 기술의 영향을 받아 의도하지 않는 방향으로 내 모습이 바뀌고 있음을 느끼기 시작했다. 그 당시에 한 친구가 오스트리아 출신의 철학자 이반 일리치(Ivan Illich)에 대해 이야기했고, 보통 사람들이 전문직의 등장으로 인해 무능해진다는 그의 책 내용을 소개했다. 변호사는 과거에 우리가 스스로 해결했던 인간관계에 얽힌 문제를 해결해주고, 의사는 사람들을 치료해준다. 예전에는 우리 스스로가 숲 속의 어떤 식물이 치료 효능을 지니고 있는지 알았는데 말이다. 일리치의 저서를 읽은 뒤 내가 얻은 교훈은 기쁘게도 기술이 인간에게 무엇이든 할 수 있는 능력을 부여함과 동시에, 불쾌하게도 인간이 스스로는 아무것도 하지 못하도록 만들기도 한다는 것이다.

예를 들어, 그냥 펜으로 서류철에 제목을 쓸 수도 있었음에도, 나는 라벨 프린터의 잉크를 충전하기 위해 며칠을 기다린 적이 있다. 혹은 모르는 단어가 나오면 본능적으로 dictionary.com(영어 어휘 전문 사전 사이트 — 옮긴이) 사이트에 접속하게 된다. 하지만 내가 컴퓨터에 단어를 입력하는 사이에 집에 있던 다른 누군가는 종이 사전을 넘겨서 그 단어를 벌써 찾았을 것이다. 언젠가 한 번은 컴퓨터가 프로젝터에 제대로 접속되지 않은 바람에 수백 명의 청중 앞에서 초조하게 서

있었던 적이 있었다. 파워포인트 없이 생각을 전달했더라면 더 좋았을 텐데 말이다. 돌이켜 보면 기술의 효과에 의지했다가 무능력을 경험했던 것이 우스꽝스러울 수도 있겠다. 하지만 때때로 진짜 우스운 일은 결국 이 모든 기술 발전이 우리를 검은 딸기나 운반하는 인조인간 처지로 전락시켜 버리는 것은 아닐지 궁금하다.

MIT의 내 사무실에는 세계에서 가장 영리하다는 젊은 학생들이 매일 나를 보러 찾아온다. 비록 공식적으로는 내가 그들의 선생이지만 종종 그들의 학생이 되기도 한다는 사실을 깨닫는다. 일례로, 마크(Marc)라는 학생이 기억난다. 그 학생은 죽음을 눈앞에 둔 빈민들의 보호소에서 자원봉사를 했다. 그는 유복한 가정 출신이라 가난한 사람들을 쉽게 외면할 수 있었지만 언제나 가난한 사람들을 도와야만 한다고 생각해 왔다고 말했다. 그 학생은 보호소에서 일하는 동안 환자들의 침대 옆에 소지품을 두는 선반이 하나씩 있다는 사실을 알아챘다. 그러자

이런 궁금증이 일었다. "몇 안 되는 소중한 물건들 중에서도 인생의 말년에 꼭 간직하고 싶은 것으로는 무엇이 있을까?" 마크는 그 사람들의 반지와 사진, 혹은 작은 메모지 같은 물건을 보았다. 거기서 그는 누구에게나 인생 마지막에 가장 소중한 것은 추억이라는 사실을 깨달았다.

자신의 인생 전체를 하나의 선반으로 압축한다고 하면 거기에 소중히 간직하고 싶은 추억은 무엇인가? 인생은 복잡할지도 모른다. 하지만 언급한 마크의 이야기를 들어보면 인생이란 마지막에는 참 단순한 것이다.

10가지 법칙과 세 가지 비법이 단순함에 대한 내 생각의 종착점은 아니다. 지금까지 내 생각을 지지해 준 사람들로부터 용기를 얻어 이 임무를 계속하기로 계획했다. 새로운 주제에 대해 토론하고 싶으면 lawsofsimplicity.com을 방문하기 바란다. 나는 그 사이트를 단순하게 유지할 것을 약속한다.

참고 도서

내가 각 장을 쓰는 데 있어 영감을 주었던 몇 권의 책들을 여기서 언급한다. 각 항목들에 참고 도서에 수록된 내용에 관한 리스트는 빠트렸다. 웹이 책을 찾아보기 쉽게 해주었는데 이제 와서 왜 굳이 그것을 복잡하게 보이도록 만들겠는가?

단순함=온전한 상태

The Tipping Point, by Malcolm Gladwell(말콤 글래드웰), 2002

티핑 포인트〔한국어판〕

> : 단순함에 대한 필요가 티핑 포인트(어떠한 현상이 서서
> 히 일어나다가 작은 변화로 한순간 폭발해버리는 것 — 옮긴이)
> 에 도달했다.

축소

The Paradox of Choice, by Barry Schwartz(배리 슈워츠), 2005

선택의 심리학〔한국어판〕

> : 소수가 다수보다 더 나을 수 있는 이유에 대한 근거를
> 제공한다.

조직

Notes on the Synthesis of Form, by Christopher Alexander
(크리스토퍼 알렉산더), 1964

형태 통합에 관한 소고

: 건축에서 비롯된 조직화에 대한 아이디어들.

시간

Toyota Production System, by Ohno Taiichi(오노 다이이치),
1988

도요타 생산방식〔한국어판〕

: 도요타식 생산 시스템의 아버지라 불리는 저자가 쓴,
생산 최적화에 관한 건조한 논문식 책.

학습

Motivation and Personality, by Abraham Maslow(에이브러
햄 매슬로), 1970

동기와 성격〔한국어판〕

    : 무엇이 정말 사람들에게 동기를 부여하는가?

차이

The Innovator's Solution, by Clay Christensen (클레이튼 크리스텐슨), 2003

성장과 혁신〔한국어판〕

    : 기술 주도적 전환 효과에 대한 간단한 설명.

맥락

Six Memos for the Next Millennium, by Italo Calvino (이탈로 칼비노), 1993

다음 밀레니엄을 위한 여섯 개의 메모

    : 그냥 모든 것에 대한 뛰어나게 아름다운 생각들.

감성

Emotional Design, by Donald Norman(도널드 노먼), 2003

감성디자인〔한국어판〕

> :사용성의 구루가 쓸모없는 것들의 사례의 정당함을
> 입증한다.

신뢰

The Long Tail, by Chris Anderson(크리스 앤더슨), 2006

롱테일 법칙〔한국어판〕

> :작지만 정말 중요한 모든 것들을 조금씩 늘리는 것
>
> 〔롱테일 법칙은 그다지 중요하지 않은 다수가 중요한 소수보다
>
> 더 큰 가치를 창출하는 현상을 뜻함 — 옮긴이〕

멀리 보내기

Technics and Civilization, Lewis Mumford(루이스 멈포드),
1963

기술과 문명〔한국어판〕

: 그 시대와 접촉한 사람의 선견지명이 있는 작품.

개방

The Wisdom of Crowds, by James Surowiecki (제임스 서로위키), 2004

대중의 지혜〔한국어판〕

: 개인의 역량을 능가하는 집단의 힘을 지지하는 내용.

전력

Cradle to Cradle, by W. McDonough (윌리엄 맥도너) and M. Braungart (미하엘 브라운가르트), 2002

요람에서 요람으로〔한국어판〕

: 우리의 힘이 소진되어 가고 있고, 그에 대해 어떤 조치가 취해져왔다.

인생

Disabling Professions, by Ivan Illich(이반 일리치), 1978

전문가들의 사회〔한국어판〕

　　: 여러분이 점점 쓸모없는 존재가 되어가고 있다는 사

　　실을 상기시켜 준다.

마치며…

☑
균형의 중요성

나는 MIT 수영장에서 거의 매일 나이가 많아 보이는 어떤 교수를 보곤 했다. 그는 자신을 은퇴한 언어학과 교수라고 알려주었다.

오랜 휴가를 뒤로 하고 오랜만에 수영장에 들른 오늘, 나는 탈의실에서 다시 그를 보았고, 요즘 생각하고 있던 주제인 '불안감'에 대한 짧은 대화를 나누게 되었다.

"불안감이 지나치면, 실패할지도 모른다는 생각 때문에 성장하지 못하는 것 같아요. 실패에 대한 불안감에 마비되어 있기 때문에요." 나는 그에게 이렇게 말을 꺼냈다. "반면에 불안감이 너무 없어도 성장의 기회가 없어지는 건 마찬가지죠. 자기 실패를 인정하려 들지 않을 테니까요."

그 교수는 "균형이 가장 중요한 겁니다."라고 대답했다.

"하지만 그 가운데 있다고 해도, 양 끝을 향해서 조금씩 움직여 봐야 해요. 가운데에 위치해 있다는 사실을 계속적으로 인지할 수 있기 위해서요."라고 내가 대답했다.

"당신은 때때로 그 가운데에서 균형감을 잃을 수도 있지요." 그가 말했다.

우리는 모두 침묵에 빠졌고, 나는 짐을 모두 챙겼다. 그러고는 신발끈을 매다 말고 무심코 '멘토(Mentor)'라는 말을 했다.

그 교수는 확신에 찬 목소리로 "당신에게는 용기를 주는 멘토들이 필요해요."라고 이야기했다.

그러자 나는 "하지만 나이가 들면서 모든 멘토들이 떠나버리는 듯해요."라며 약간은 쓸쓸히 응대했다. 그는 잠시 생각에 잠겼다가 이렇게 말했다.

"맞아요. 왜냐하면 더는 그들이 필요하지 않게 되었기 때문이죠."

그와 악수를 하면서 "좋은 말씀 감사드립니다."라고 말했다. 그 대가 교수가 미소를 지으며 양말과 신발을 신는 동안, 나는 '운동은 정말 마음을 위해 좋은 것 같군.' 하고 생각하면서 탈의실에서 나왔다.

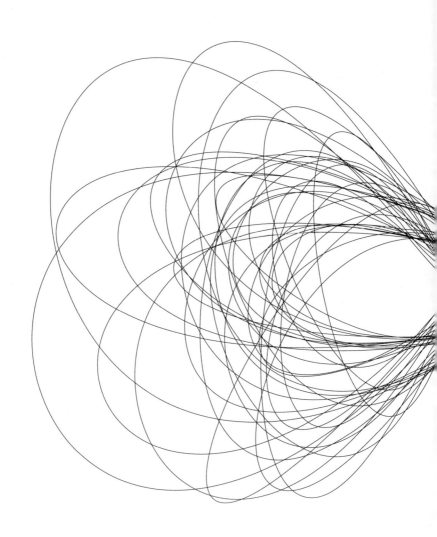

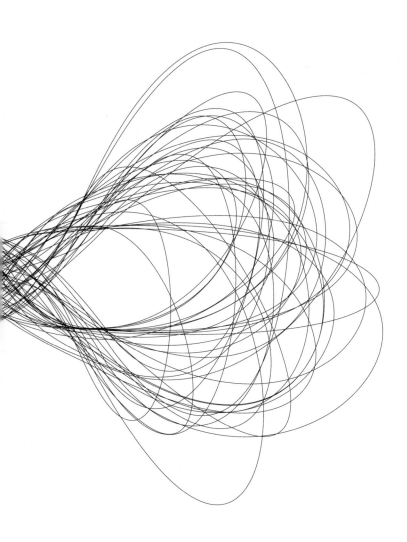

여러분의 인생을 혁신할 수 있는
가장 단순한 방법은
단순함의 법칙을 일상에서 실천하는 것이다.

— 옮긴이 현호영